JN106423

開発許可申請手続のことがよくわかる本

中園雅彦 著

セルバ出版

まえがき

こんにちは、行政書士の中園　雅彦です。

本書では、開発許可申請についてわかりやすく解説したいと思います。

私は、15年間、開発許可申請を専門にして行政書士の仕事をしていますが、不動産屋さんや建築会社さんからよくいただくのが、「市街化区域で○○㎡ぐらいの規模で○○の計画がありますが、開発許可は必要ですか？」とか、「市街化調整区域で○○を建築したいけど、開発許可が下りますか？」という問合せです。

まずは、そこが知りたいのですね。

- 開発許可が必要なのか、不要なのか？
- 申請したとしても許可が下りるのか？

規模や目的によってそもそも開発許可が不要な場合もありますし、特に市街化調整区域では、開発許可申請をしても許可の見込みがないケースも多々あります。

そもそも「開発許可」とは、土地の区画・形・質の変更（開発行為）に対する許可であり、簡単に言うと建築目的で土地を造成することの許可です。

許可が必要か不要かを知るためには、その計画が「開発行為」に当たるのかどうかと、その場所で許可が必要な規模かどうかを判断する必要があります。その「開発行為」と「許可が必要な規模」

も本書でわかりやすく解説いたします。

開発許可が必要な場合、その申請手続は「都市計画法」によって規定されています。そして、その申請のためには、農地法、建築基準法、道路法、河川法、文化財保護法、消防法、国土利用計画法、景観法など多種多様な法律が関わってきます。

同業者の行政書士からも、開発許可と聞くと、難しい、大変そう、時間がかかる、専門知識が必要なのでは？　というようなイメージを持っているとよく聞きますし、別の建築士からも開発許可と聞くと、拒絶反応が出るとも聞いたことがあります。

確かに、役所との協議・折衝や図面の修正など、工事期間まで含めると半年から年単位で時間がかかることもありますし、擁壁の設計や流量計算などの専門知識が必要になってくる場合もあります。ですが、他の許認可同様、都道府県や市町村で多少やり方に違いはあるものの、大体の流れは同じですので、パターン化して処理していくことはできます。

私がよく手がけさせていただいているのは、1ヘクタール（10，000㎡）未満の小規模な開発行為です。その中でも特に多いのが宅地分譲です。

大規模な開発行為は、開発コンサルタント等の企業が受注しているようですし、そもそも1ヘクタール以上の開発許可申請は別途資格が必要で、大学等で土木系の学科を卒業してからの実務経験などがなければ扱えません。

小規模な開発許可申請は、開発コンサルタント等に依頼しても、大規模な開発許可申請に比べて報酬の割に手間がかかるので、嫌がられたり、断られたりするケースも多いと聞きます。

初めて開発許可申請を行う人のために、本書を活用して開発許可申請の全体像や流れをつかみ、申請できるようポイントを整理していますので、あなたが手続を行う際に有効にご活用いただけると思います。

開発許可申請に関わるすべての皆様に、本書を役立てていただければ幸いです。

2021年2月

中園　雅彦

開発許可申請手続のことがよくわかる本　目次

第3章　事前相談と開発事前協議の手続

第4章　32条協議・同意

第5章 開発行為許可申請書類の作成

第1章　開発許可を取得したいと思ったら

（基礎知識）

1　開発許可とは

開発許可の目的

一定規模以上の開発行為を行う場合は、都市計画法に基づく開発許可が必要になります。開発許可制度の目的は、乱開発を防止し、暮らしやすい街づくりをすることです。

では、開発行為とは、いったいどんな行為なのでしょうか？

誰が許可するのか

開発許可をするのは都道府県ですが、政令指定都市や中核市などの人口の多い市では、市が許可する場合もあります。まずは、開発する場所を管轄する市役所の開発担当の課に聞いてみてください。開発担当の課は、都市計画課や建築指導課などという名前が多いです。

2　開発行為とは

開発行為の定義

開発行為とは、建築物を目的として、土地の区画の変更、形の変更、または質の変更を行うことです。

【図表１　区画の変更の例】

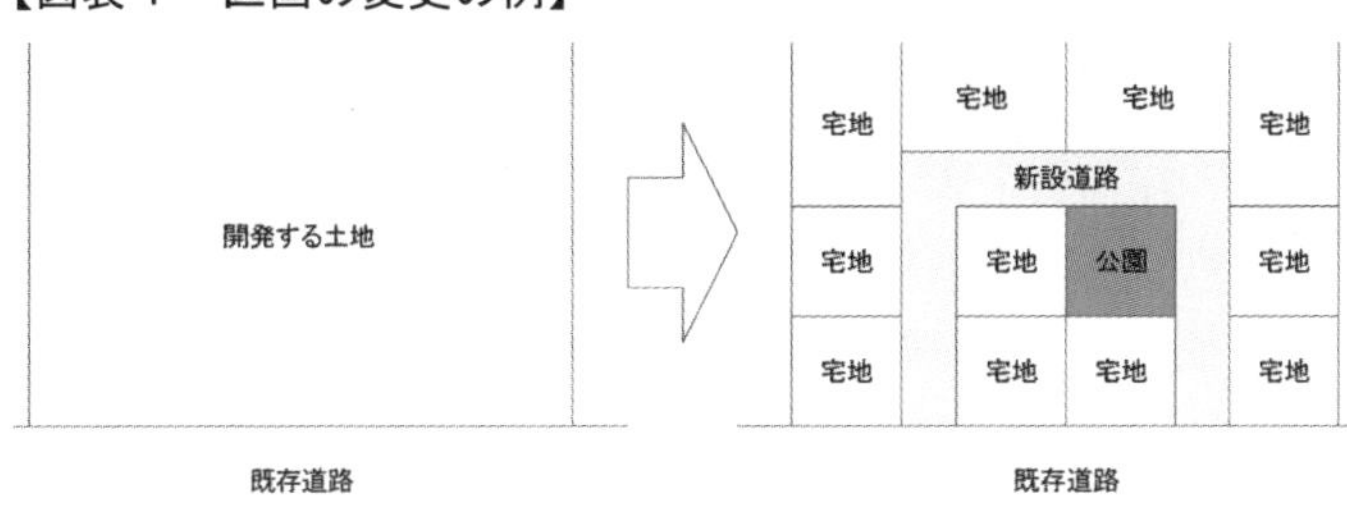

建築物ではありませんが、コンクリートプラントやアスファルトプラントなどの大規模なものを目的としても開発行為になりますが、滅多に出てこないのでここでは建築物のことだけ考えることにします。

開発行為ではないもの

「建築物を目的として」という部分が前提ですので、建築物を目的としなければ、たとえ土地の区画の変更、形の変更、または質の変更のいずれかを行っても、開発行為ではありません。

建築物を目的としないとは、例えば、建築物のない駐車場や資材置場などをつくる場合です。

3　区画の変更

区画の変更とは

区画の変更とは、道路や公園などの公共施設を新たにつくったりすることです。例えば、分譲地をつくるときに、土地の中に新しく道路や公園をつくる場合です（図表１参照）。

【図表２　形の変更の例】

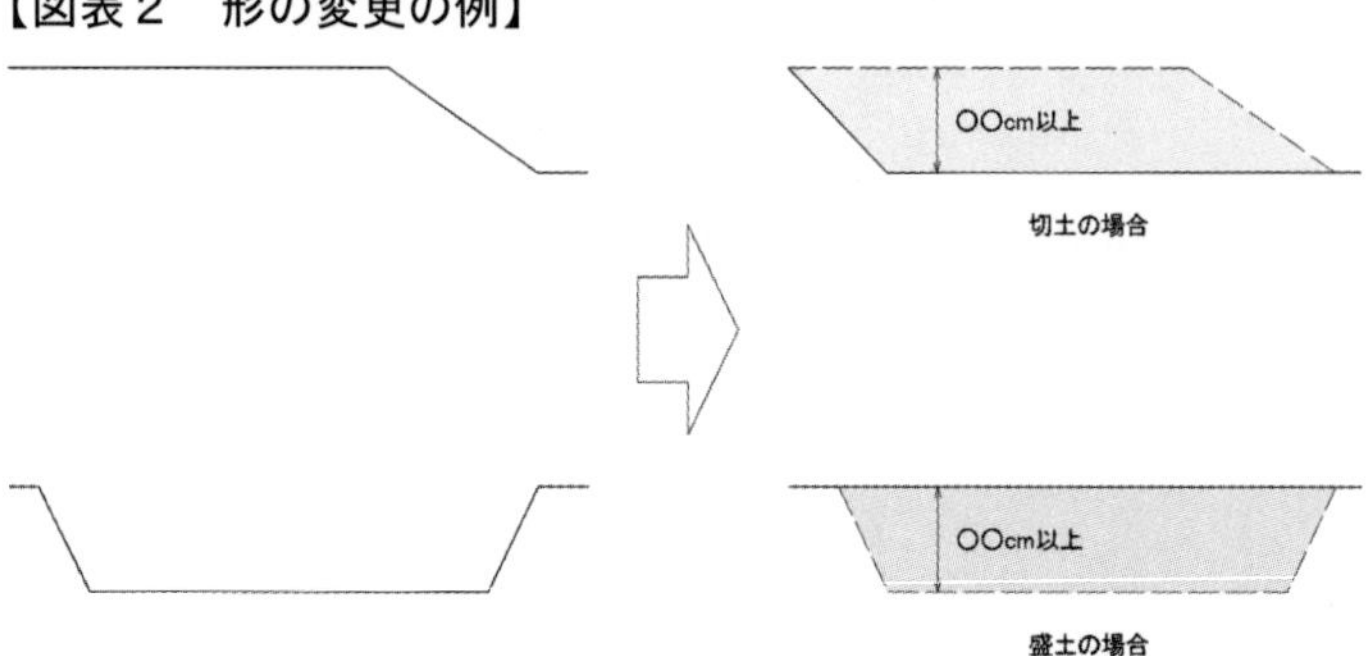

４　形の変更

形の変更とは

形の変更とは、土を盛ったり、削ったりすることです。土をどこかから運んできて盛ることを盛土、土を削ることを切土といいます。そのように盛土や切土をして、宅地などにすることを造成工事といいます（図表２参照）。

ただし、開発行為と言われるのは、高さ○○㎝以上の切土や盛土を行う場合です。開発許可をする都道府県や市によって基準が違い、１ｍや50㎝以上で開発行為と言われるところもあれば、厳しいところでは30㎝以上で開発行為と言われるところもあります。

５　質の変更

質の変更とは

質の変更とは、農地など宅地以外の土地を宅地に変更すること

【図表３　質の変更の例】

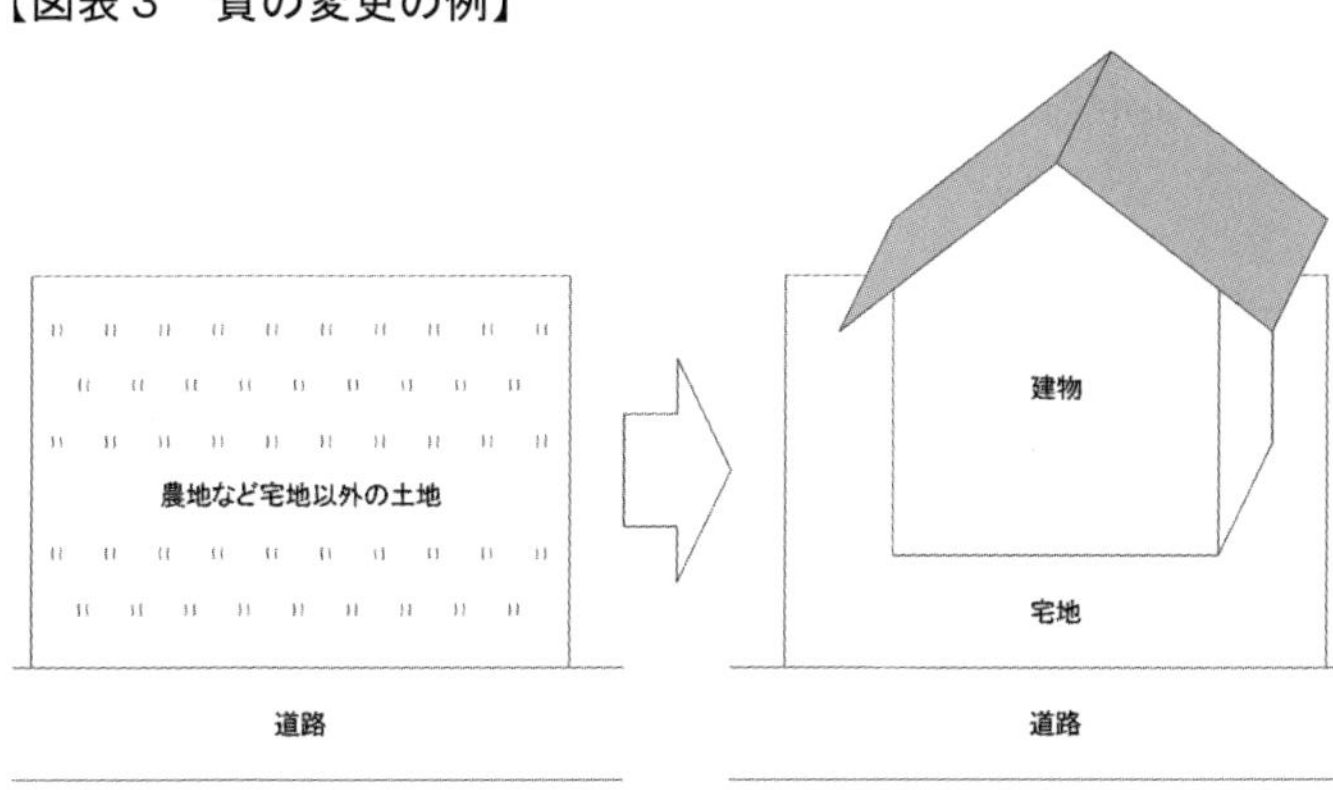

です。例えば、図表３のように田や畑などの農地を造成して宅地にする場合です。

６　許可の対象となる規模（開発許可が必要・不要な場合）

区域によって違う開発許可が必要な面積

さて、一定規模以上の開発行為は開発許可が必要となりますが、一定規模とはどれくらいの面積なのでしょうか？

この一定規模は、開発する土地がどの区域に入っているかで変わってきます。お住いの市役所の都市計画課などに行けば、都市計画図と言って、その市区町村の中で色塗りして区域分けされている地図のようなものを見ることができます（図表４参照）。

区域分けすることによって、道路や下水道などのインフラの整備や役所・学校・病院などを効率的に配置し、建築物の種類などに規制をかけて、計画的な街づくりをすることができます。

【図表4　都市計画区域のイメージ図】

まず、大きく分けて、都市計画区域内か、都市計画区域外かとなります。そして、都市計画区域でも、市街化区域と市街化調整区域に区域を分けている市区町村と、区域を分けていない市区町村とがあります。市街化区域と市街化調整区域に区域を分けることを線引きと言います。

ですから、区域を分けている都市計画区域を線引都市計画区域、区域を分けていない都市計画区域を非線引都市計画区域と言ったりします。

区域によって開発許可が必要になる面積は違いますので、それぞれの区域の簡単な説明と、開発許可が必要になる面積を見ていきます（図表5参照）。

市街化区域

市街化区域とは、市街化を促進する区域です。市街化区域で1，０００㎡以上の開発行為がある場合は、開発許可が必要になります。首都圏など、一部

【図表５　線引都市計画区域の場合】

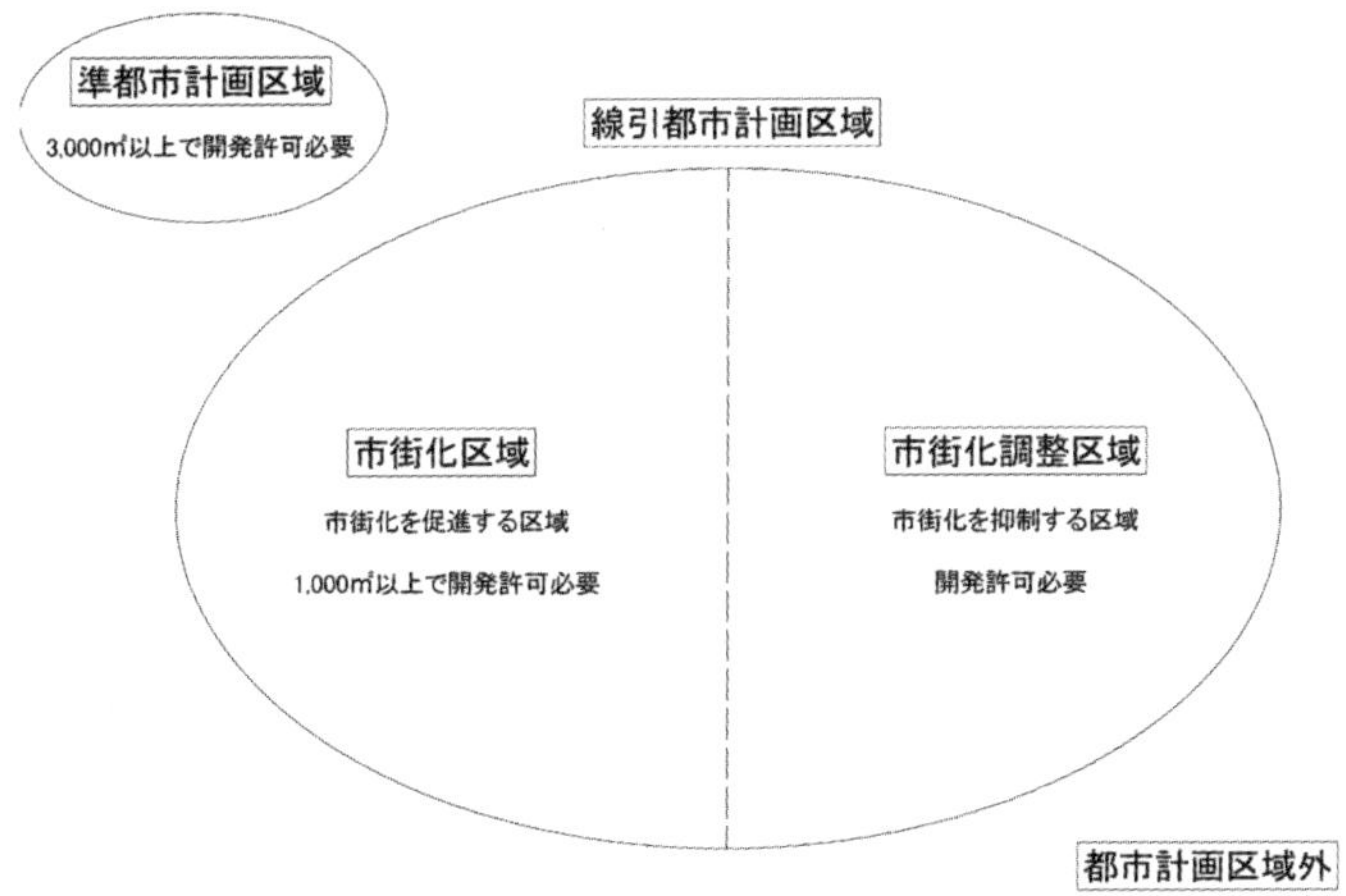

地域では５００㎡以上の場所もあります。

市街化調整区域

市街化調整区域とは、市街化区域とは逆に市街化を抑制する区域です。市街化を抑制する区域ですので、基本的には建築してはいけない場所です。

市街化調整区域では、〇〇㎡以上なら許可が必要などという面積の規定はありません。つまり、開発行為がある場合は面積に関係なく、原則として開発許可が必要となります。

非線引都市計画区域と準都市計画区域

非線引都市計画区域と準都市計画区域では、３，０００㎡以上の開発行為がある場合に開発許可が必要になります。

準都市計画区域とは、もともと都市計画区域外だった場所に、規制をかける必要が生じた場合に

【図表６　非線引都市計画区域の場合】

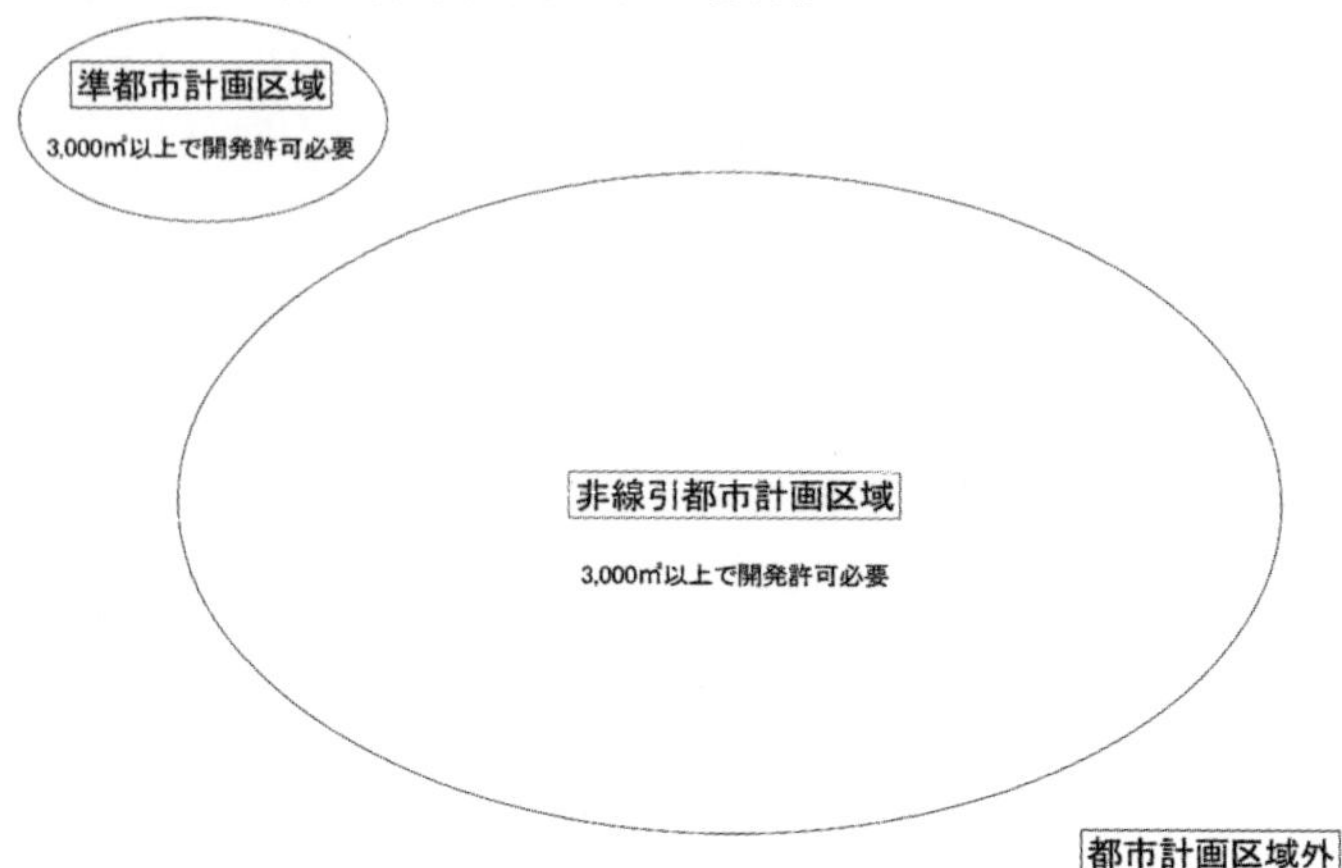

指定される区域です（図表６参照）。

都市計画区域外

都市計画区域外で１０，０００㎡以上の開発行為がある場合は、開発許可が必要になります。都市計画区域の外ですから、規制が少ないです。

7　建築許可と建築確認の違い

市街化調整区域での建築許可

市街化調整区域では、開発行為のない単なる建築でも、原則として許可を受けなければいけません。これを開発行為を伴わない建築許可といいます。

これは、都市計画法第43条に規定されている許可申請なので、建築基準法の建築確認申請とは別のものとなります。建築許可は、建築確認の前に取っておかなければならない許可です。

第2章　全体の申請の流れとスケジュール

1　開発許可は時間がかかる

工事期間も含めると約５か月～年単位の場合も

開発許可の手続を大きく分けて大体のスケジュールを入れると、最低でも約5か月はかかることになります。

① 事前協議手続…約1か月
② 32条協議…約1～2か月
③ 開発行為許可申請…標準処理期間1か月
④ 造成工事…規模によるが通常1か月以上
⑤ 工事完了手続…約1か月

2　行政書士はどこまでサポートしてくれる？

行政書士がサポートする場合

行政書士がサポートする場合は、次のようなスケジュールと内容になります。

① 開発許可申請を専門に扱っている行政書士に相談予約

確実に開発許可を取りたい、不安な点がある、面倒なことは任せたい、自分で申請する時間の余裕がないという方は、行政書士などの専門家を利用することをおすすめします。

ただし、行政書士に依頼する場合は、開発許可を専門に扱っているかどうかを事前に確認しましょう。行政書士は、取扱分野が幅広く、自分の専門分野以外のことはあまり知識がありません。さらに、開発許可は行政書士の業務の中でもニッチな分野ですので、取り扱っている行政書士が少ないのも特徴です。

②　行政書士に相談

行政書士への相談では、まず、どの場所でどれぐらいの規模の、何を計画しているかを伝え、開発許可が必要なのか、また、許可が必要だとして許可の要件を満たしているのか診断してもらいます。

資料としては、ゼンリン地図などの場所がわかるもの、法務局で取得できる公図と登記事項証明書、もしある程度の計画ができているなら計画図面などもあるとよいでしょう。

③　見積り・タイムスケジュール、依頼、業務委任契約書の締結

行政書士が案件を受任できる場合は、サービス内容や行政書士報酬の見積りの金額、タイムスケジュールの提示があります。内容に納得できたら依頼となりますが、開発許可申請は一般的に報酬額も高額で期間もかかるので、業務委任契約などを締結することになるかもしれません。

契約や報酬の支払方法は、事務所ごとに異なりますので、確認が必要です。

④　土地の測量、現況図・計画図面の作成、書類の収集と申請書類作成

まず、土地の測量がされていなければ、土地家屋調査士に依頼して測量・現況図の作成・境界確

定をしてもらいます。

現況図ができたら、作成した大まかな計画図面を基に、行政書士が開発許可申請用に修正するか、打合せして計画図面を行政書士に作成してもらうかです。

建築物が目的ですので、建物の設計を建築士が担当している場合も多く、その場合は建築士が作成した計画図を基にします。必要書類の収集と開発許可申請書類の作成は行政書士が行います。

⑤ 各種申請・書類の受理

開発許可申請では、打合せ、申請や届出、書類の受理、図面の修正等何度も役所に足を運ぶことになります。行政書士に依頼しておけば、それらをすべて代行してもらえます。

⑥ 完了検査の手配、立会

完了検査に準備する工事工程写真を工事施工業者に手配したり、日程の段取り、工事完了検査の立会も行政書士が行います。

3　自分で申請を進める場合はどうなるか？

行政書士の活用が便利

自分で申請を進める場合は、前項の④〜⑥をすべて自分でやることになります。かなりの業務量と精神的負担があります。とにかく開発許可は、書類を揃えて1度申請して許可を受け取ればよいというものではありませんので、何十回も役所に足を運ぶことになります。それも同じ場所ではありません。同じ市役所でも担当の課は細かく分かれていますし、消防署や水道局など、市役所の建物とは別の場所にあることもあります。

行政書士に依頼しておけば、ほとんどお任せでやってもらえます。行政書士報酬は、事務所ごと、また、開発行為の規模等によって変わってくるので一概には言えませんが、小規模の開発でも40～100万円ぐらいの報酬額がかかります。決して安い金額ではありませんが、かなりの業務量と精神的負担が軽減されますので、検討の余地があると思います。

また、手間だけでなく、専門的な知識も必要になってくる場合もあります。本書では、皆さんに広く開発許可の全体像をお伝えすることが狙いですので、あまり詳細については触れませんが、開発許可申請において擁壁の設計や流量計算を求められることもよくあります。

擁壁の設計

擁壁とは、土が崩れるのを防ぐためのコンクリートの壁のことです。もともとの土地の形状で、お隣の土地との高低差がある場合や、造成工事で切土や盛土をして高低差ができる場合もありますが、高低差があると、土ですので雨が降ったりすることで高いほうから低いほうへ崩れていきます。それを防ぐため、コンクリートの壁をつくって土を留めるのです。このコンクリートの壁を擁壁と言います。

擁壁は、基本的には開発工事をする土地側に設置することになりますが、設置した後に擁壁自体が土の圧力で壊れたり倒れたりすることのないよう、安全に設計されていなければなりません。擁壁の設計は、開発の基準どおりか、または基準と違う擁壁を設置するのであれば、構造計算書や安定計算書を出して、安全であることを証明しなくてはなりません。さらに擁壁の種類によっては、擁壁を設置した部分の土の強さが十分かどうか、地耐力調査をする必要がある場合もあります。

この擁壁の設計が安全かどうかと、実際に設計のとおりに現地に設置されているかは、非常に専門的な知識を要するだけではなく、結構重要な審査のポイントです。万が一、開発工事で設置された擁壁が壊れて被害が出た場合は、許可をした役所の責任とも言われかねないので、擁壁が安全かどうかは、厳しい目で慎重に審査されることになります。

流量計算

流量計算とは、降った雨がどれくらい流れるのかを計算することです。例えば、開発する前は農地で、ある程度は自然に地下に浸透していたのが、開発工事で宅地化されるとそのまま道路の側溝などに流れていきます。それが原因で、下流で側溝から水があふれないように、事前に計算して大丈夫かどうか確認しておきます。もし、計算であふれるという判定になれば、貯留といって、開発する土地でいったん降った雨を溜めてゆっくり流していく調整池という施設や、水が流れていく側溝や溜枡を浸透型のものにするなどの検討も必要になります。この計算や検討も非常に専門的です。

第3章　事前相談と開発事前協議の手続

1　事前相談

事前相談とは

まず、市役所や都道府県庁の都市計画課など、開発許可を担当している課に開発計画の内容を相談に行きます。

開発の相談は、事前予約が必要な場合や、平日の午前中しか相談を受け付けていないところもありますので、注意してください。

事前相談の重要性

事前相談をせずに手続を始めてしまうと、要件に合わずに、そもそも開発許可ができないという場合もありますので、事前に開発の計画を相談して、許可の見込みがあることを確認してから手続を始めてください。

市街化区域であっても、開発する場所まで進入する道路が狭過ぎて、開発許可ができない場合もあります。

市街化調整区域の場合は、基本的に建築が制限されていて要件が厳しいですので、どんな場所かにかかわらず、必ず事前相談をするようにしましょう。

2　開発事前協議の手続（福岡市で3区画分譲の場合）

開発事前協議の手続とは

開発許可の手続は、許可が出た後に造成工事が発生しますので、騒音や安全対策など少なからず周辺に住んでいる人たちにも影響があります。何の説明もなく工事が始まってしまうと、思わぬクレームにつながります。

開発事前協議の手続とは、開発許可の手続を進める前に、開発する場所の周辺の住民などに開発計画を事前にお知らせし、説明をすることによって、紛争やトラブルを未然に防ぐために設けられている制度です。

なお、開発許可をする都道府県や市によっては、開発事前協議の手続の制度がない場合もあります。

3　現地に開発行為予定標識を立てる

開発行為予定標識とは

事前相談で開発許可の見込みがあると確認できたら、現地に開発行為予定標識を立てます。開発行為予定標識とは、開発計画の概要を書いた予定の看板のことです。

開発行為予定標識を設置してから14日間経過しないと、その後に提出する「開発計画事前協議申請書」を提出することができないため、手続を急ぐのであれば、早めに現地に開発行為予定標識を立てておきましょう。

開発行為予定標識はどうやって準備する？

近くの看板屋さんに制作・設置までお願いするか、インターネットで検索すると、全国対応で制作・販売している会社などもあります。開発許可関係の各種標識は、建築士事務所協会でも購入できる場合があります。

看板購入後、手書きだと見た目が悪いので、ラベルシールで内容を書いて貼り付けます。テプラだと36ミリ幅のテープが丁度よいです。

あとは、ホームセンターなどで、設置用の材料を購入して現地に立てます。私は、2ｍの角材×4本、50センチの測量杭×4本を購入して、電動ドリルで現地に設置しています。

設置する場所は、特に決まりはありませんが、周辺の住民に開発計画をお知らせするためのものですので、道路側の見やすい場所に設置するほうがよいです。

設置後は、近景と遠景で予定看板の写真を撮ることを忘れずに。自分で制作・設置すると手間はかかりますが、看板屋さんに頼むより安くできると思います。

開発行為予定標識（様式３）の書き方（図表７）

①　予定工期は、おおよそこれぐらいで開発許可が下りて造成工事に着手できるだろうという日と、

【図表７　開発行為予定標識（様式３）】

（横：90センチメートル、縦：90センチメートル）

開発行為についてのお知らせ	
予定工期	①　年　月　日から 年　月　日まで
開発区域に含まれる地域の名称	②福岡市　区
開発区域の面積	③　平方メートル
開発行為予定者	住所 氏名 ④
設計者	住所 氏名 ⑤
予定建築物	⑥ 用途：　構造： 階数：　延べ面積： 高さ：　住戸数：
⑦	福岡市建築紛争の予防と調整に関する条例の適用の有無 ①　中高層建築物に　該当する・該当しない ②　ワンルーム形式集合建築物に　該当する・該当しない
標識設置日	⑧　年　月　日

この標識は，福岡市開発行為の許可等に関する条例の規定に基づき設置したものです。
この計画について説明を求められる方は，下記へご連絡ください。
（連絡先）
⑨
担当者名　（電話）

注意事項
1　この標識は、白地に黒書きとし、見やすいものとすること。
2　予定建築物の欄は、可能な限り具体的に記入すること。
3　連絡先は、原則として開発者又は設計者のいずれかのものを記入すること。
4　この標識は、風雨等のため容易に破損し、又は倒壊しない材料及び構造により作成するとともに、文字が雨等により不鮮明にならない塗料等を使用すること。
5　この標識は、下端と地面の間が80センチメートルとなるように設置すること。

造成工事が完了する予定日を書きます。あくまでも予定ですので、このとおりにいかなくても特に問題ありませんが、大きく予定とずれていると、看板を見た人から工事はいつ始まるのかという問合せがあることもあります。

② 開発する場所の所在を記入します。登記事項証明書の所在どおりに記載し、土地の地番が複数になる場合も、「他何筆」と省略せずにすべての地番を記入します。

③ 開発区域の面積を記入します。登記簿の面積と実際に測量した面積が違う場合は、実際に測量した面積（実測面積）を記入します。

④ 開発行為予定者は、開発申請者の住所・氏名を記入します。

⑤ 設計者の住所、氏名を記入します。

⑥ 予定建築物の用途、構造、階数、延べ面積、高さ、住戸数を記入します。今回のケースは、2階建が3戸ですので、延べ面積は3戸分の1階部分と2階部分の面積の合計を記入しています。

⑦ 今回のケースは、戸建住宅ですので、中高層建築物やワンルーム形式集合建築物に該当しないと記入します。

⑧ 標識設置日は、開発行為予定標識を現地に設置した日を記入します。

⑨ 連絡先名称と担当者名、電話番号を記入します。看板を見た周辺の人が電話で問合せをしてくることもありますので、連絡先は開発計画の内容がわかる人にして、日中つながる電話番号にしておきましょう。

4　予定標識設置報告書の提出

予定標識設置報告に必要な書類

予定標識設置報告に必要な書類は、

① 開発行為予定標識設置報告書（図表8）
② 開発行為予定標識を撮影した写真（遠景、近景）（図表9）
③ 開発区域位置図（ゼンリン地図など）（図表10）

となります。開発行為予定標識を設置後、開発担当の課に提出します。

開発行為予定標識設置報告書（様式4、図表8）の書き方

① 日付は、今は記入しません。開発担当の課に提出するときに記入します。
② 開発者は、開発申請者の住所・氏名を記入します。
③ 標識設置日は、開発行為予定標識を現地に設置した日を記入します。
④ 予定工期は、おおよそこれぐらいで開発許可が下りるだろうという日から、造成工事の予定期間を書きます。あくまでも予定ですので、このとおりにいかなくても特に問題ありません。
⑤ 開発する場所の所在を記入します。登記事項証明書の所在どおりに記載し、土地の地番が複数

【図表８　開発行為予定標識設置報告書（様式４）】

連絡先　会社名　行政書士中園雅彦事務所
担当者　行政書士　中園雅彦
TEL　092-■■■■

様式4

規則様式第4号

開発行為予定標識設置（変更）報告書

①令和　　年　　月　　日

（あて先）福岡市長

②
開発者　住所　■■■■

氏名　■■■■

（本人による署名の場合、押印不要）

福岡市開発行為の許可等に関する条例第13条第3項(第4項)の規定により，次のとおり報告します。

標識設置日	③　令和1年　12月4日
予定工期	④　令和2年　3月　15日から 令和2年　4月　15日まで
開発区域に含まれる区域の名称	⑤ 福岡市■■■■2457番1
開発区域の面積	⑥　775．86　平方メートル
設計者	住所　福岡県■■■■ 氏名　行政書士　中園雅彦事務所　⑦ 電話番号　092-■■■■
予定建築物	用　　途：　戸建専用住宅　　構　　造：　木造 階　　数：　2階　⑧　延べ面積：　327．24㎡ 高　　さ：　10m未満　　住 戸 数：　3戸 福岡市建築紛争の予防と調整に関する条例の適用の有無　⑨ ①中高層建築物に　　該当する　(該当しない) ②ワンルーム形式集合建築物に　　該当する　(該当しない)
※受付処理欄	

注意事項

1　※印の欄は記入しないでください。

2　予定建築物の内容は，可能な限り具体的に記載してください。

3　設置後の開発予定標識を撮影した写真（遠景，近景），開発区域位置図を添付してください。

になる場合も、「他何筆」と省略せずにすべての地番を記入します。

⑥　開発区域の面積を記入します。登記事項証明書の面積と実際に測量した面積が違う場合は、実際に測量した面積（実測面積）を記入します。

⑦　設計者の住所、氏名、電話番号を記入します。

⑧　予定建築物の用途、構造、階数、延べ面積、高さ、住戸数を記入します。今回のケースについては、2階建が3戸となっていますので、延べ面積は3戸分の1階部分と2階部分の面積の合計を記入しています。

⑨　今回のケースについては、戸建住宅ですので、中高層建築物やワンルーム形式集合建築物に該当しないと記入します。

【図表９　予定標識設置写真】

(福岡市　　　　)

<近景>

<遠景>

【図表10　開発区域位置図】

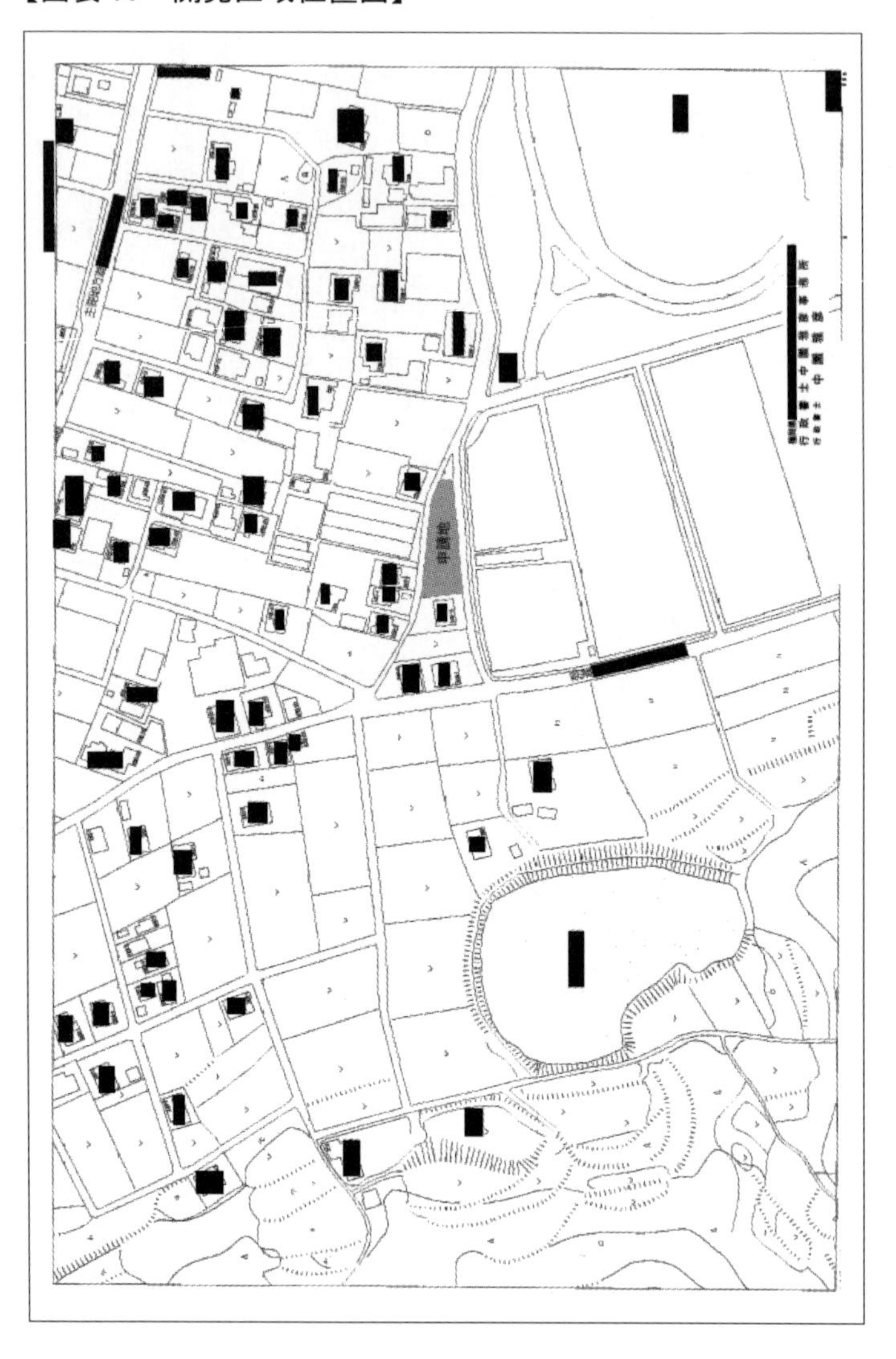

5　近隣住民への説明（事前説明）

近隣住民に説明する意味

開発する場所の周辺に住む方々が、開発計画について何も知らない間に工事が始まってしまうと、工事の時期・時間帯や騒音等に対するクレームにつながり、工事や手続が遅れてしまう場合もあります。

事前に開発計画をお知らせして説明し、計画に関する疑問や不安を解消してあげてから手続を進めるようにしましょう。

事前説明の範囲や方法はどのようにして行うのか？

説明範囲の対象としては、開発する土地から15ｍ以内にかかる土地や建物の所有者、管理者、居住者です。15ｍ以内に1部でもかかっている土地や建物の関係者に説明するようにしましょう。

事前説明の方法は、原則として面談により行いますので、対象者を個別に訪問して説明していきます。

開発の規模が大きい場合などは、自治会や町内会からの要望として説明会の開催を求められる場合もあります。自治会長さんなどに事前に相談しておくとスムーズにいきます。

事前説明に必要なもの

事前説明の時に必要な図書は、次の5つです。

① 開発計画概要書（様式5）（図表11）
② 開発区域位置図（前掲図表10）
③ 現況図（図表12）
④ 土地利用計画図（図表13）
⑤ 造成計画平面図及び断面図（図表14）、（図表15）

開発計画概要書の書き方は、予定看板の内容と全く同じです。

③の現況図は、道路の幅や、現地の形状や状況がわかる現地を上から見たところの図面です。

④の土地利用計画図は、現況図を基に、開発計画の内容がわかる図面です。今回のケースでは、建物の位置や形、上水道や下水道へどのように接続するのか、コンクリートブロックなど新たに設置する構造物の位置がわかるようになっています。

⑤の造成計画平面図と断面図は、盛土や切土の部分を色分けして、どのような造成工事になるのかがわかる図面です。平面図は上から見た図面で、断面図は横から見た図面です。盛土や切土の高さなど、平面図ではわかりづらい部分も断面図で見るとわかりやすいです。

これらの図面は、自分で作成するのはかなり大変ですので、図面作成ができる専門家に現地を測量してもらって作成することが多いです。

【図表11　開発計画概要書】

連絡先　会社名　行政書士中園雅彦事務所
担当者　行政書士　中園雅彦
ＴＥＬ　092-

様式5
規則様式第5号

開　発　計　画　概　要　書			
工事の期間（予定）	令和２年　３月　１５日から 令和２年　４月　１５日まで		
開発区域に含まれる地域の名称	福岡市　２４５７番１		
開発区域の面積	７７５．８６　平方メートル		
開発行為予定者	住所 氏名 電話番号		
設計者	住所　福岡県 氏名　行政書士中園雅彦事務所 電話番号　092-		
予定建築物	用　途：　戸建専用住宅 階　数：　２階 高　さ：　１０ｍ未満	構　造：　木造 延べ面積：　３２７．２４㎡ 住戸数：　３戸	
	福岡市建築紛争の予防と調整に関する条例の適用の有無 ①中高層建築物に ②ワンルーム形式集合建築物に	 該当する・該当しない 該当する・該当しない	
標識設置日	令和元年１２月４日		
この計画について説明を求められる方は、下記へご連絡ください。 （連絡先）　行政書士　中園雅彦事務所 担当者名　中園　雅彦　（電話）092-			

【図表 12　現況図】

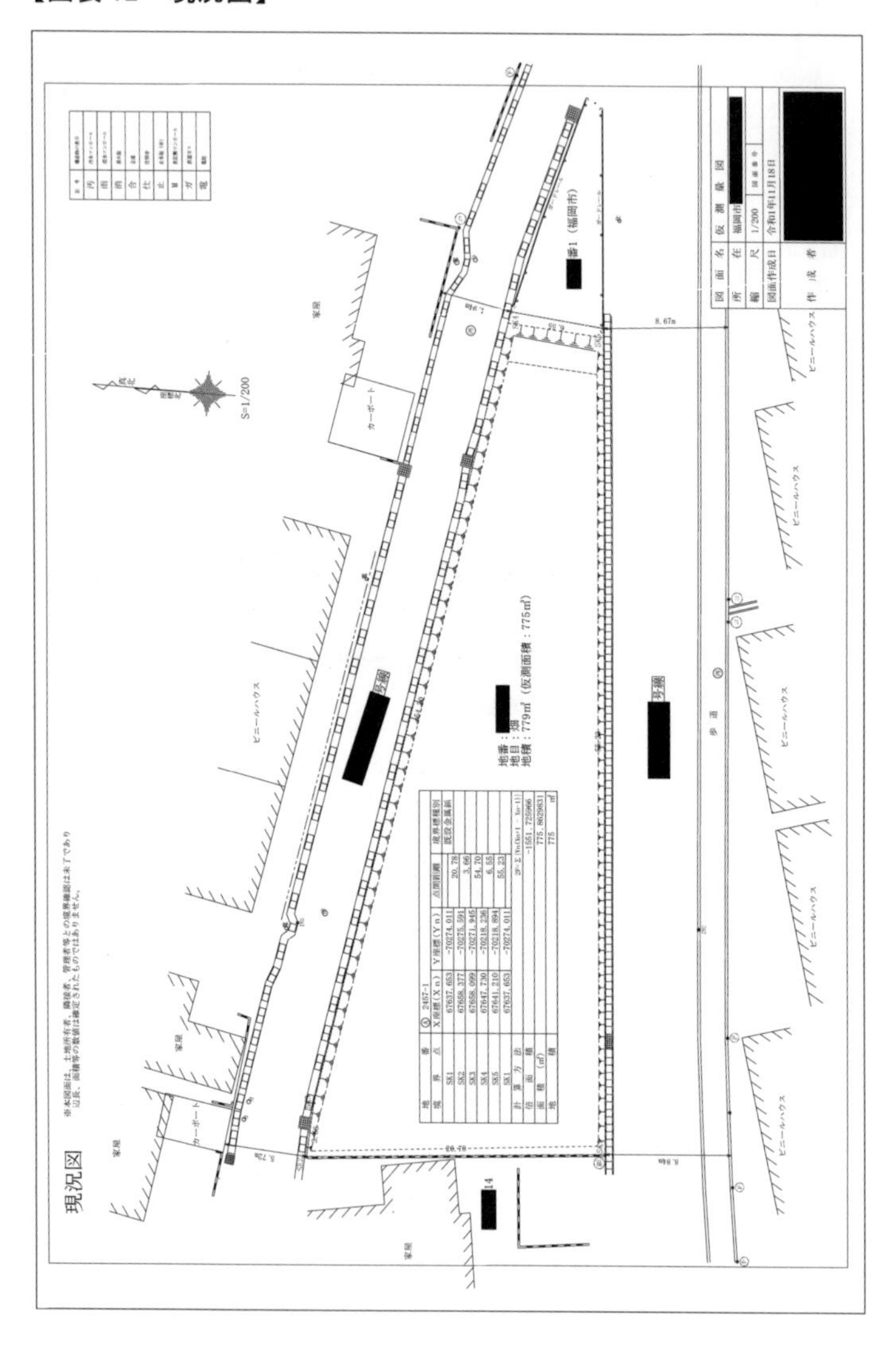
現況図
※本図面は、土地所有者、隣接者、管理者等との境界確認は未了であり
辺長、面積等の数値は確定されたものではありません。
家屋
カーポート
ビニールハウス
S=1/200
真北
号線
地番 ⓐ 2457-1
境界点 X座標(Xn) Y座標(Yn) 点間距離 境界標種別
SK1 67637.653 -70274.011 既設金属鋲
SK2 67658.377 -70275.591 20.78
SK3 67658.099 -70271.945 3.66
SK4 67647.730 -70218.236 54.70
SK5 67641.210 -70218.894 6.55
SK1 67637.653 -70274.011 55.23
計算方法 2F=Σ{Yn(Xn+1 − Xn-1)}
倍面積 -1551.725966
面積(㎡) 775.8629831
地積 775 ㎡
地番：
地目：畑
地積：779㎡（仮測面積：775㎡）
番1（福岡市）
14
8.84m
8.67m
5.72m
歩道
図面名 仮測量図
所在 福岡市
縮尺 1/200
図面作成日 令和1年11月18日
作成者

【図表13　土地利用計画図】

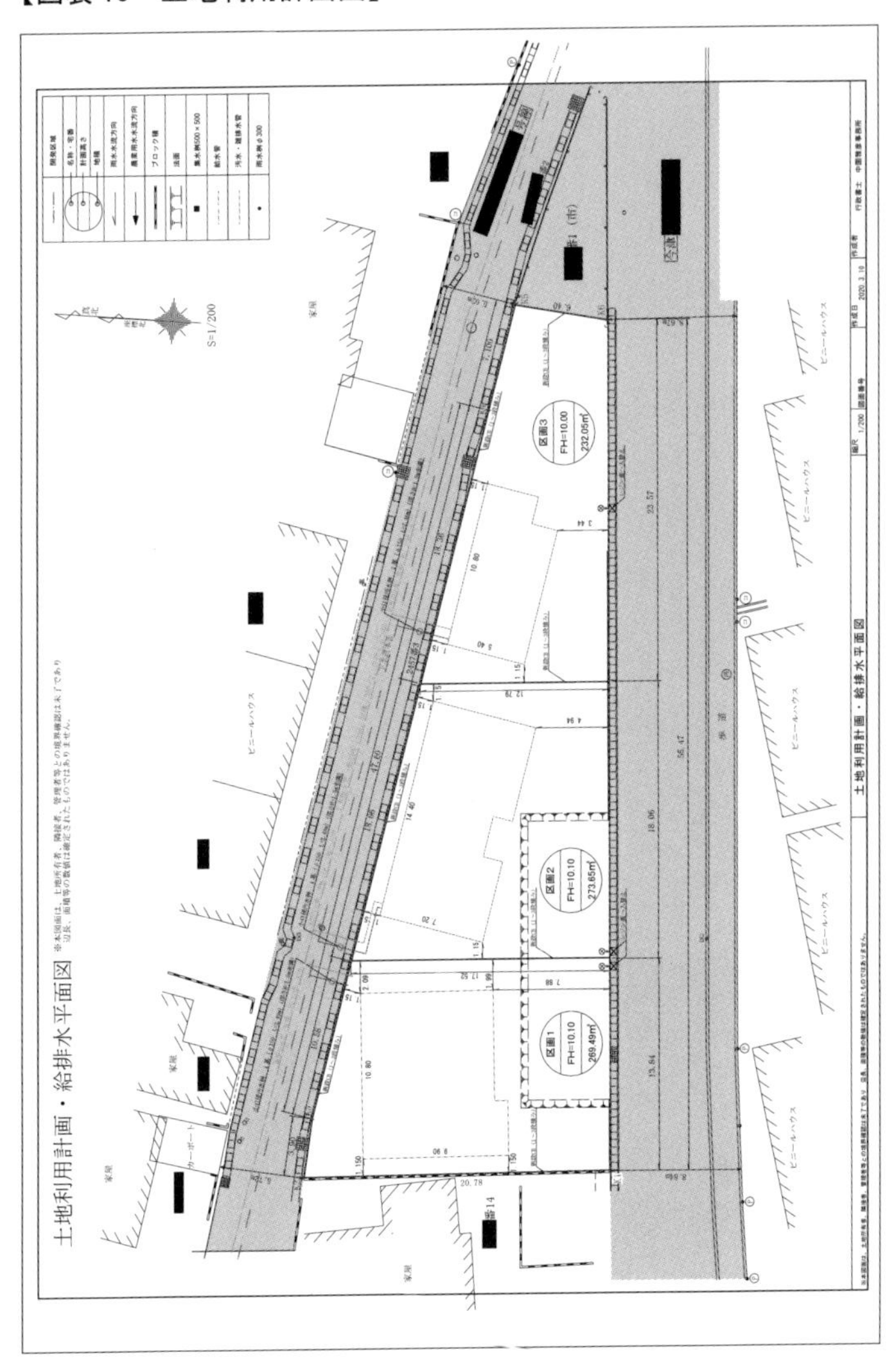

【図表 14　造成計画平面図】

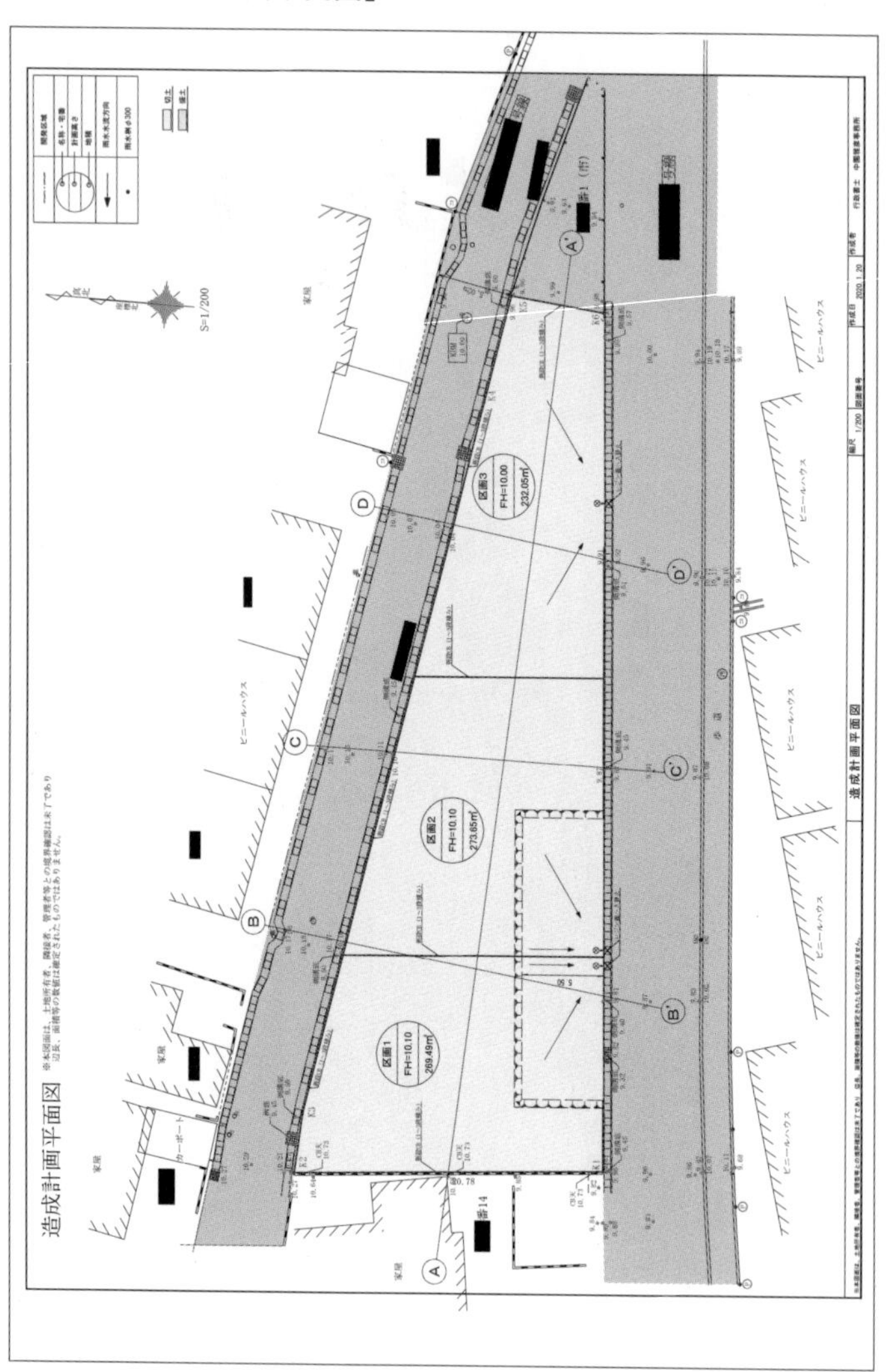

【図表 15　造成計画断面図】

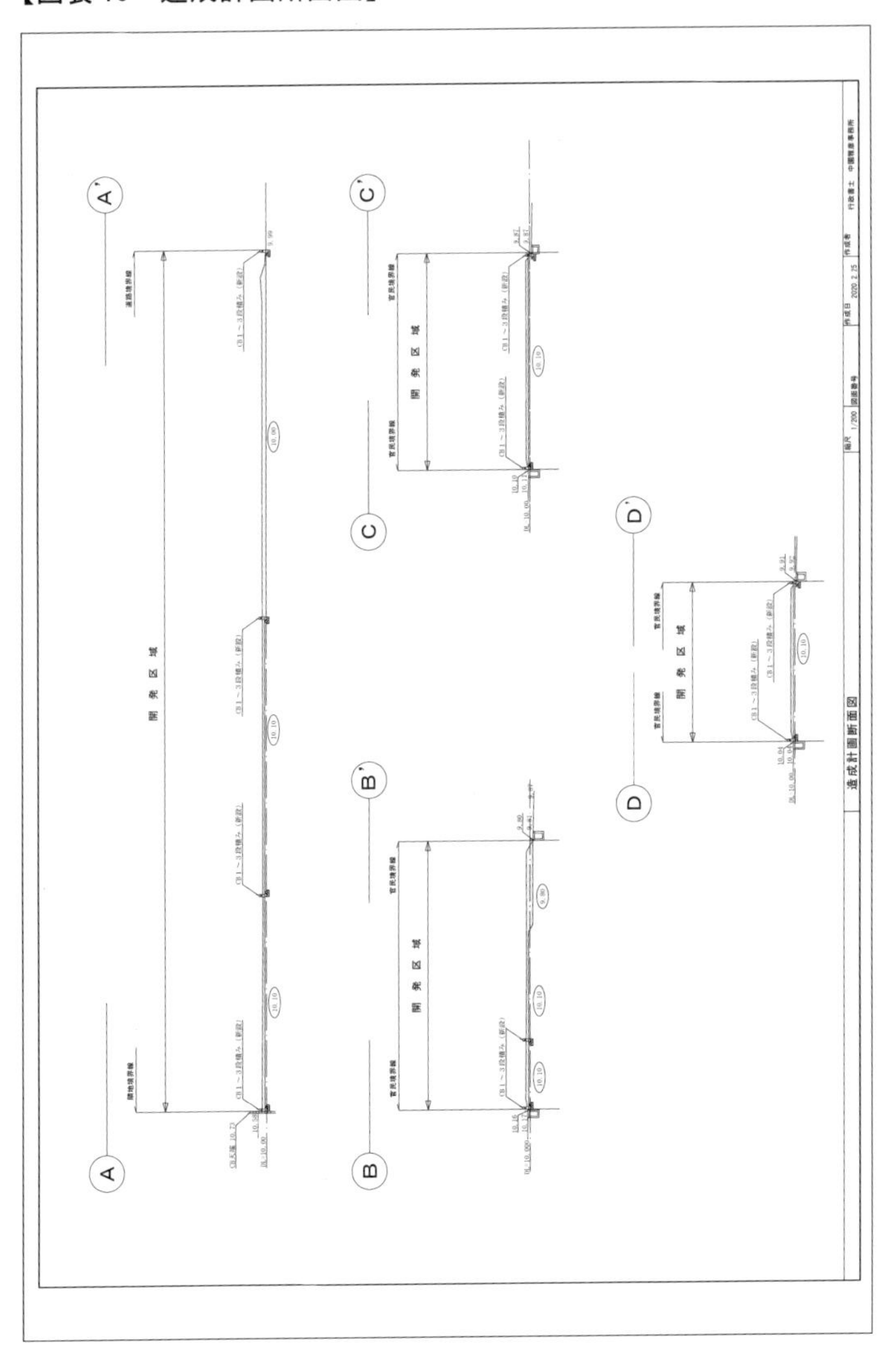

近隣住民に何を説明すればよいのか？

近隣住民に説明する内容は、次の項目です。

① 開発区域の位置と面積、予定建築物の住戸数並びに予定工期
② 土地利用計画の内容（開発区域の形態、公共施設の位置と形態並びに予定建築物の敷地の形態）
③ 造成計画の内容（切土または盛土をする土地の部分、がけまたは擁壁の位置並びに道路の位置、形状、幅員と勾配）
④ 予定建築物の規模、構造と用途
⑤ 前各号に掲げるもののほか、開発について配慮する事項

これだけ見ると、何だか計画の内容を詳細に説明しなくてはならないのではないかと思われるかもしれませんが、近隣説明の対象となる人たちは、建築や開発の専門知識を持っていることはあまりありませんので、基本的には事前説明に必要な図面に基づいて①～⑤の内容を簡潔に説明するようにします。

それよりも、開発工事で何ができるのか、工事の期間はいつからいつまでぐらいなのか、工事の時間帯や騒音はするのかなど、近隣の方々に直接影響があることについて重点的に説明するようにします。

全般的に言えることは、一般の方にも理解できるような丁寧でわかりやすい説明を心がけることが必要です。

6　事前説明報告書の提出

事前説明報告に必要な書類

事前説明報告に必要な書類は、次のとおりです。

① 開発計画概要書（様式５）（前掲図表11）
② 開発区域位置図（前掲図表10）
③ 現況図（前掲図表12）
④ 土地利用計画図（前掲図表13）
⑤ 造成計画平面図及び断面図（前掲図表14、15）
⑥ 事前説明報告書表（図表16）
⑦ 事前説明報告書裏（図表17）
⑧ 説明対象の区域図（図表18）

すべての事前説明が終わった後、開発担当の課に提出します。この事前説明報告書は、後述する開発計画事前協議申請をする前までか、申請と同時に提出する必要があります。

事前説明報告書（図表16、17）**の書き方**

① 日付は今は記入しません。開発担当の課に提出するときに記入します。

【図表 16　事前説明報告書・表】

様式 6
規則様式第 6 号

（表）

事　前　説　明（変　更）報　告　書

①
令和　　年　　月　　日

（あて先）福岡市長

②
開発者　住所

氏名

㊞

（本人による署名の場合，押印不要）

③
福岡市開発行為の許可等に関する条例第 14 条 ｛第 7 項／第 9 項／第 11 項において準用する同条第 9 項｝ の規定により，次のとおり報告します。

開発区域の位置		福岡市■■■■番 1　④				
事前説明の方法	戸別に説明	説明対象の区域	注）地図等で示したものを添付してください。			
		説明を行った近隣住民の住所氏名等	所有者等の区分	氏　名	住　所	説明年月日
			別	紙	⑤の　と　お	り
	説明会開催	日　時				
		場　所				
		説明対象の区域	注）地図等で示したものを添付してください。			
		近隣住民の出席者	人			
	報告事項	提示関係図書 ｛・開発関係概要書　・開発区域位置図　・現況図　・土地利用計画図 ・造成計画平面図及び断面図｝				
		福岡市の建築紛争の予防と調整に関する条例の適用の有無 ① 中高層建築物に　該当する・該当しない ② ワンルーム形式集合建築物に　該当する・該当しない　⑥				
※受付処理欄						

注意事項　※印の欄は記入しないでください。

【図表 17　事前説明報告書・裏】

（裏）

番号	所有者等の区分	氏　名	住　所	説明年月日
		意　見　等		
⑦ ①	⑧ 居住者 所有者	[redacted]	福岡市[redacted] ⑨	１２／２４
		西側フェンスや外構計画はどうなるのか、いつ頃決まるのか疑問に持たれていた。まだ決まっていないので、分かり次第連絡すると伝える。所有者である奥様には伝えてくれるとのこと。		
②	居住者 所有者	[redacted]	福岡市[redacted]	１２／２３
		特になし。	所有者である奥様には伝えててくれるとのこと。	
③	所有者 居住者	[redacted]	福岡市[redacted]	１２／２５
		１２／２３訪問、２４、２５に再訪問するも不在。２５日に説明資料をポストへ投函。 ⑩		
④	居住者 所有者	[redacted]	福岡市[redacted]	１２／２３
		特になし	所有者であるご主人には伝えててくれるとのこと。	
⑤	所有者	[redacted]	福岡市[redacted]	１２／２３
		特になし		
⑥	居住者 所有者	[redacted]	福岡市[redacted]	１２／２３
		特になし	所有者であるご主人には伝えててくれるとのこと。	
⑦	所有者	[redacted]	福岡市[redacted]	１２／２３
		特になし		
⑧	所有者	[redacted]	福岡市[redacted]	１２／２３
		特になし		
⑨	所有者	[redacted]	福岡市[redacted]	１２／２３
		特になし		
⑩	所有者	[redacted]	福岡市[redacted]	１２／２３
		特になし。隣接の[redacted]に土地を売却したいとのこと。		
⑪	所有者	[redacted]	福岡市[redacted]	１２／２５
		特になし。		
	所有者 管理者 居住者			

説明者の氏名	⑪ 福岡県[redacted] 行政書士　中園雅彦事務所

② 開発者は開発申請者の住所・氏名を記入します。
③ 最初の報告書なので、第7項になります。
④ 開発する場所の所在を記入します。登記事項証明書の所在どおりに記載し、土地の地番が複数になる場合も、「他何筆」と省略せずにすべての地番を記入します。
⑤ 説明を行った近隣住民の住所氏名等は別紙のとおりとして、報告書の裏に記入します。
⑥ 今回のケースは戸建住宅ですので、中高層建築物やワンルーム形式集合建築物に該当しないと記入します。
⑦ 説明対象者に番号を振り、説明対象の区域図（図表18）の番号と合わせ、対比できるようにします。
⑧ 所有者、管理者、居住者の別を記入します。両方に該当する場合は、両方記入します。
⑨ 説明を行った近隣住民の住所、氏名、説明した日付を記入します。説明時のやりとりや、質疑応答などを記入します。
⑩ 何度訪問しても不在のお宅は、ポストに説明資料を投函して、問合せの連絡があったら説明するという対応でも可能です。
⑪ 説明者（実際に説明した人）の氏名を記入します。

説明対象の区域図（図表18）**の書き方**

住宅地図や公図をもとに、開発地から15ｍの範囲を書き、説明対象者の住所、氏名、事前説明報告書裏（図表17）で振った番号を記入します。

【図表18　説明対象の区域図】

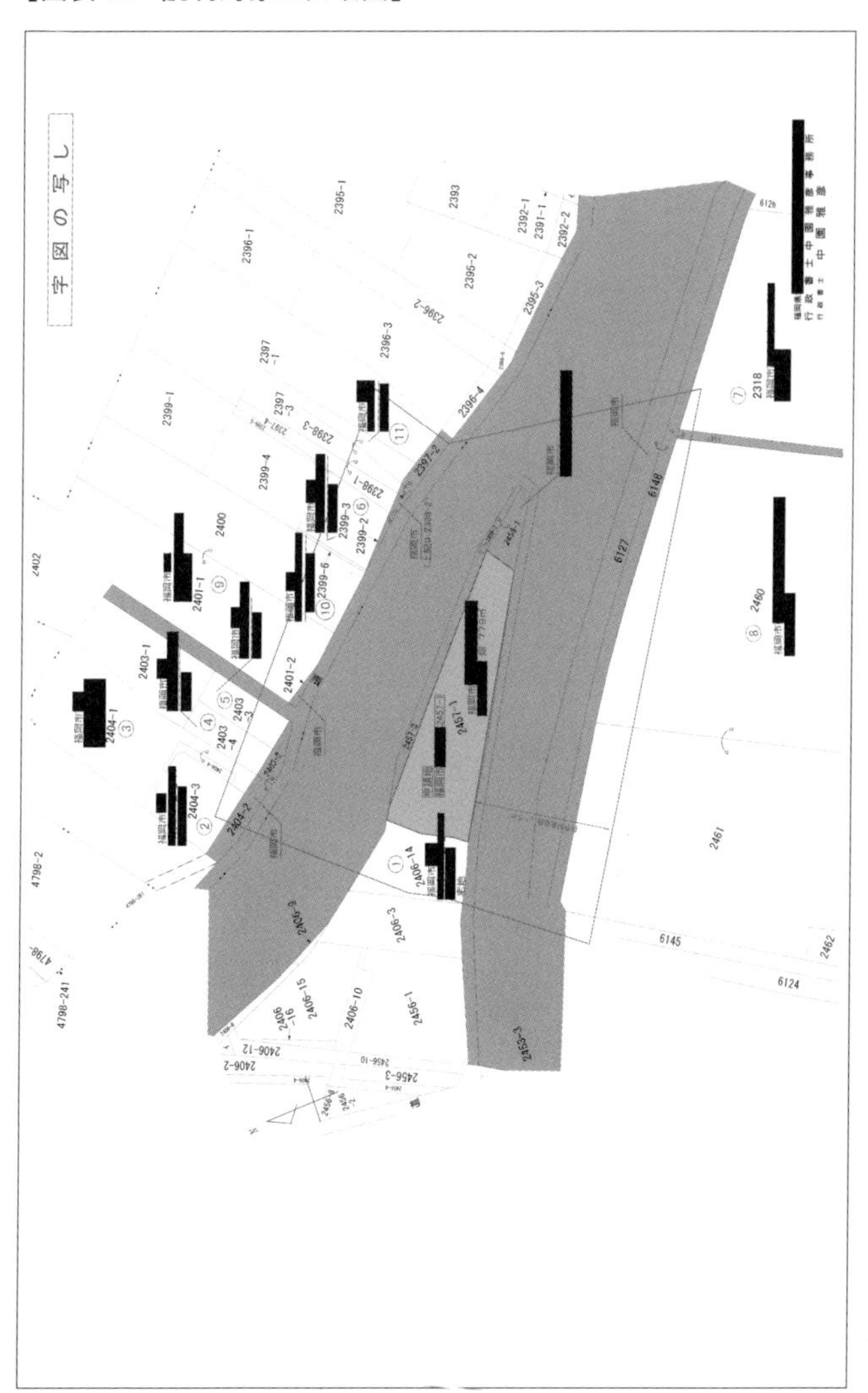

7　開発計画事前協議申請書の提出

開発計画事前協議申請できる時期

開発行為予定標識を現地に立ててから14日以上経過した後、近隣への事前説明を終わらせて、事前説明報告書を提出し、または提出と同時に開発計画事前協議申請をすることができます。

開発計画事前協議申請に必要な書類

開発計画事前協議申請に必要な書類は、次のとおりです。

①　開発計画事前協議申請書（図表19）
②　開発計画説明書（図表20）、（図表21）
③　開発区域位置図（前掲図表10）
④　公図（前掲図表18）（今回、説明対象区域図は公図を基に作成しています）
⑤　現況図（前掲図表12）
⑥　土地利用計画図（前掲図表13）
⑦　造成計画平面図及び断面図（前掲図表14）、（前掲図表15）
⑧　給排水計画平面図（今回は土地利用計画図に給排水計画を入れています）

図面については、新たに作成する必要はなく、前述の事前説明に用いたものをそのまま使うことができます。

必要な書類①〜⑧を作成して、開発担当の課に提出します。

開発計画事前協議申請書（図表19）**の書き方**

① 日付は、今は記入しません。開発担当の課に提出するときに記入します。

② 申請者は開発申請者の住所・氏名を記入します。

③ 開発する場所の所在を記入します。

登記事項証明書の所在どおりに記載し、土地の地番が複数になる場合も、「他何筆」と省略せずにすべての地番を記入します。

④ 開発区域の面積を記入します。登記簿の面積と実際に測量した面積が違う場合は、実際に測量した面積（実測面積）を記入します。

⑤ 開発する場所がどの区域で、どの用途地域にあるか記入します。今回については市街化調整区域です。

⑥ 設計者の住所、氏名、電話番号を記入します。

⑦ 工事施工者の住所、氏名、電話番号を記入します。なお、まだ決まっていない場合は未定と記入します。

【図表 19　開発計画事前協議申請書】

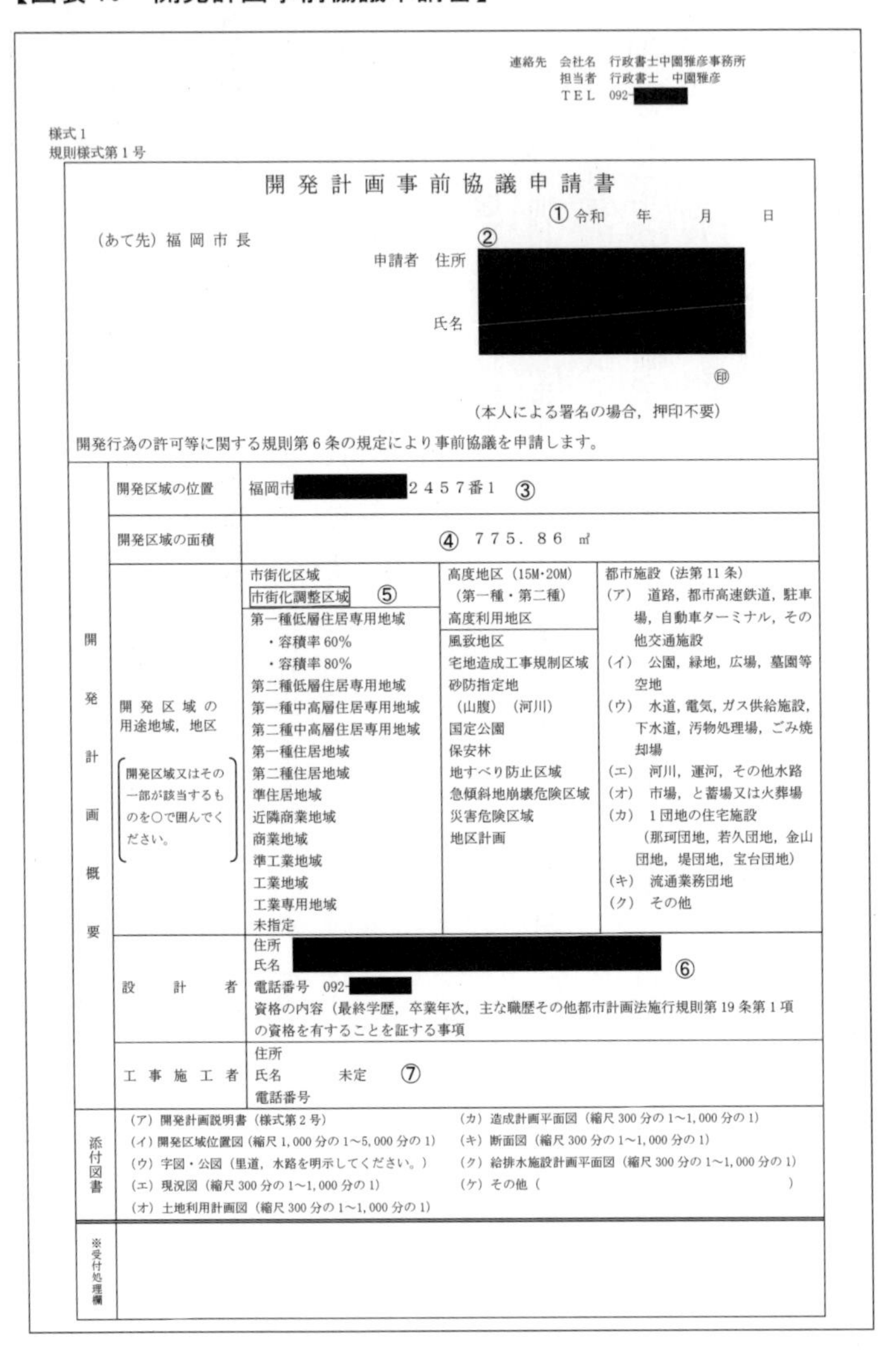

連絡先　会社名　行政書士中園雅彦事務所
担当者　行政書士　中園雅彦
TEL　092-

様式1
規則様式第1号

開 発 計 画 事 前 協 議 申 請 書

①令和　　年　　月　　日

（あて先）福 岡 市 長

②
申請者　住所

氏名

㊞

（本人による署名の場合，押印不要）

開発行為の許可等に関する規則第6条の規定により事前協議を申請します。

開発計画概要	開発区域の位置	福岡市　２４５７番１　③		
	開発区域の面積	④ ７７５．８６ ㎡		
	開 発 区 域 の 用途地域，地区（開発区域又はその一部が該当するものを○で囲んでください。）	市街化区域 市街化調整区域　⑤	高度地区（15M・20M） （第一種・第二種） 高度利用地区	都市施設（法第11条） （ア）道路，都市高速鉄道，駐車場，自動車ターミナル，その他交通施設 （イ）公園，緑地，広場，墓園等空地 （ウ）水道，電気，ガス供給施設，下水道，汚物処理場，ごみ焼却場 （エ）河川，運河，その他水路 （オ）市場，と畜場又は火葬場 （カ）1団地の住宅施設（那珂団地，若久団地，金山団地，堤団地，宝台団地） （キ）流通業務団地 （ク）その他
		第一種低層住居専用地域 ・容積率60% ・容積率80% 第二種低層住居専用地域 第一種中高層住居専用地域 第二種中高層住居専用地域 第一種住居地域 第二種住居地域 準住居地域 近隣商業地域 商業地域 準工業地域 工業地域 工業専用地域 未指定	風致地区 宅地造成工事規制区域 砂防指定地 （山腹）（河川） 国定公園 保安林 地すべり防止区域 急傾斜地崩壊危険区域 災害危険区域 地区計画	
	設　計　者	住所 氏名　⑥ 電話番号　092- 資格の内容（最終学歴，卒業年次，主な職歴その他都市計画法施行規則第19条第1項の資格を有することを証する事項		
	工 事 施 工 者	住所 氏名　　未定　⑦ 電話番号		
添付図書	（ア）開発計画説明書（様式第2号） （イ）開発区域位置図（縮尺1,000分の1～5,000分の1） （ウ）字図・公図（里道，水路を明示してください。） （エ）現況図（縮尺300分の1～1,000分の1） （オ）土地利用計画図（縮尺300分の1～1,000分の1）	（カ）造成計画平面図（縮尺300分の1～1,000分の1） （キ）断面図（縮尺300分の1～1,000分の1） （ク）給排水施設計画平面図（縮尺300分の1～1,000分の1） （ケ）その他（　　　　）		
※受付処理欄				

【図表 20　開発計画説明書・表】

様式２
規則様式第２号

（表）

開　発　計　画　説　明　書
(1)　開発行為を行う理由（市街化調整区域で開発を行う場合のみ記入してください。） ① 都市計画法第３４条１２号（条例第９条第２項第５号）該当
(2)　開発予定建築物 ② 用途：戸建専用住宅　　構造：木造 階数：２階　　延べ面積：３２７．２４㎡ 高さ：１０ｍ未満　　その他（住宅の場合のみ）：分譲
(3)　福岡市建築紛争の予防と調整に関する条例の適用の有無 ③ ①中高層建築物に　　該当しない ②ワンルーム型式集合建築物に　　該当しない
(4)　計画戸数及び人口 ④ 計画戸数：　３戸 計画人口：　８．４人
(5)　進入路及びその他の道路計画 ⑤ 進入路は申請地南側の市道と接続する。
(6)　排水計画及び下水道計画（汚水処理計画も含む。） ⑥ 雨水は溜桝を介して集水し、南側の市道の道路側溝へ接続して排水する。 下水は北側市道の本管へ接続して排水する。
(7)　上水道給水計画 ⑦ 北側市道の本管へ接続して給水する。
(8)　公共公益施設（公園，小・中学校その他公共・公益の用に供する施設） ⑧ なし
(9)　開発工事施行年度計画 ⑨ 令和２年３月１５日着工、令和２年４月１５日造成工事完了予定

開発計画説明書（表）（図表20）、（裏）（図表21）の書き方

① 市街化調整区域の場合のみ、開発行為を行う理由を記入します。都市計画法第34条の何号に該当するか、また、条例の条項も記入します。わかりづらいので、役所の人に聞いて記入します。

② 予定建築物の用途、構造、階数、延べ面積、高さ、住戸数を記入します。今回のケースは、2階建が3戸ですので、延べ面積は3戸分の1階部分と2階部分の面積の合計を記入しています。

③ 今回のケースは戸建住宅ですので、中高層建築物やワンルーム形式集合建築物に該当しないと記入します。

④ 計画戸数と人口を記入します。計画人口は計画戸数×2．8人です。

⑤ どこから開発する場所に進入するか、進入経路を記入。その他道路計画があれば記入します。

⑥　雨水の排水計画と、下水道の排水計画を記入します。雨水をどうやって集めてどのように排水するのか、下水はどの本管に接続するのか記入します。

⑦　上水道の給水計画を記入します。水道はどの本管に接続するのか記入します。

⑧　公園や小中学校がある場合に記入します。

⑨　工事施工の年度計画を記入します。

【図表 21　開発計画説明書・裏】

（裏）

(10)　開発区域内の土地の現況

ア　地目別現況　⑩

区　分	宅　地	農　地	山　林	そ　の　他	計
面　積		775.86 ㎡			775.86 ㎡
比　率	%	100%	%	%	100%

イ　所有者別現況　⑪

区　分	自己所有	買収予定	地主還元	そ　の　他	計
面　積		775.86 ㎡			775.86 ㎡
比　率	%	100%	%	%	100%

(11)　資金計画　⑫

開発（施行）費	10,000 千円	自己資金	千円	借入金	10,000 千円

(12)　土地利用　⑬

区分	住宅用宅地	公共の用に供する空地	住宅用宅地以外の宅地	その他の土地	合計	※「公共の用に供する空地」の面積は，(13)欄中の「計」の面積を記入して下さい。
面積	775.86 ㎡				775.86 ㎡	
比率	100%	%	%	%	100%	

(13)　公共施設整備計画（公共の用に供する空地）　⑭

区分	道路	公園	貯水施設	水道・電気・ガス施設	汚物処理場ごみ焼却場	河川・運河その他水路	学校図書館等教育施設	病院等医療施設	※各「比率」は，(12)欄の「合計」の面積に対する各施設の面積の割合を記入して下さい。
面積									
比率	%	%	%	%	%	%	%	%	
区分	保育施設	社会福祉施設	官公庁施設	商業施設	50戸以上の集団住宅・附帯施設	その他公共施設	計		
面積									
比率	%	%	%	%	%	%	%		

(14)　街区設定計画

個人住宅用宅地規模	165 ㎡未満	165 ㎡以上 180 ㎡未満	180 ㎡以上 200 ㎡未満	200 ㎡以上 250 ㎡未満	250 ㎡以上	計
宅地数				1区画	2区画	3区画

(15)　その他必要事項　⑮

※　教育施設，社会福祉施設，医療施設，官公庁施設，商業施設，上水道供給施設，ガス供給施設，下水処理施設，ごみ焼却場，街路照明施設等がある場合は，その概要を記入して下さい。

注意事項

1　開発区域の工区を分けるときは，開発計画説明書の(10)，(11)，(12)，(13)，(14)及び(15)欄については，必ず工区別に記載した内訳を添えて下さい。

2　土地利用計画，公共施設の整備計画，街区設定計画については，開発設計説明書の(12)，(13)及び(14)欄に記入するほか，次の事項を添付図面に明記して下さい。

(1)　公共の用に供する土地帰属区分及びその配置
(2)　街区の配置及びその番号
(3)　予定される建築物の配置，規模，構造及び用途
(4)　住宅用地及び公共用地以外の土地の配置及び用途
(5)　消防の用に供する水利施設及び貯水施設の位置
(6)　その他必要事項

⑩　地目別の面積とその割合を記入します。地目とは土地の種類のことです。今回はすべて農地ですので１００％農地です。

⑪　所有者別の面積とその割合を記入します。今回は開発者が土地を購入する予定ですので、買収予定１００％です。

⑫　資金計画を記入しま

す。今回の開発にかかる費用と、その費用のうち自己資金と借入金の金額を記入します。大まかな金額でかまいません。

⑬　土地利用を利用別に記入します。今回はすべて住宅用宅地となります。

⑭　今回公共施設はありませんので、記入不要です。

⑮　規模別の宅地の数を記入します。

8　開発計画事前協議会

開発計画事前協議会とは

市役所において、提出された事前協議申請書をもとに、関係する課の担当者が集まって会議をします。関係する課は、主に開発担当の課、道路・下水道担当の課、農業施設の担当の課などです。

その会議の中で、開発計画の内容を説明して意見を聞きます。

9　現地協議会

現地協議会とは

前述の開発計画事前協議会は、市役所で開かれたのに対し、現地協議会は開発する場所で、提出された事前協議申請書をもとに、関係する課から意見を聞きます。

現地でしかわからない課題点などを協議し、設計上注意することなどを聞き取ります。

現地協議会まで終われば、ひとまず開発事前協議手続は完了です。

開発事前協議手続で集まった関係する課からの意見をもとに、設計図面などを修正して、関係する課と個別に32条協議を始めていきます。

現地協議会の意義

今回のケーススタディでは、開発事前協議の手続がありますので、開発許可が下りて開発造成工事に取り掛かる前に役所の人たちが1度現地を見に来てくれます。これは、設計者側にとっても、役所側にとっても非常に有意義なことだと思います。図面など机上ではわかりにくい、または見過ごされてしまう現地固有の課題点を、お互いに事前に共有できるからです。

役所によっては、開発事前協議の手続がない開発許可申請の場合もあります。その場合は、役所の人が現地に来てくれるのは開発造成工事が終わった後、つまり完了検査のときです。完了検査のときに指摘されるということは、補修工事や最悪工事をやり直さなければならない事態も考えられます。

ぶっつけ本番で検査されるより、事前に1度現地を見てもらっておけば、その後の32条協議でも意思の疎通がしやすくなりますし、後から伝えてなかった、知らなかったなどの役所との行違いのトラブルも少なくなると思います。

第4章　32条協議・同意

1　32条協議・同意とは

32条協議・同意

都市計画法第32条では、開発許可申請をする前に、公共施設の管理者と協議し、その同意を得なければならないと規定されています。そのため、役所の人や専門家には32条協議と呼ばれています。簡単に言うと、開発許可申請をする前の事前協議のことです。

「あれ、事前協議なら今までの開発事前協議手続でやったよね？」と思われるかもしれませんが、開発事前協議手続は、32条協議の前、事前協議の前の手続という少々ややこしい構造になっています。

都道府県や市によっては、開発事前協議手続がなく、32条協議から始まる場合もあります。

さて、その公共施設の管理者とは、一体誰で、どこでその協議をして同意をもらうのでしょうか。

公共施設とその管理者とは

公共施設とは、詳しくは都市計画法や政令で定義されていますが、一般的によく出てくるものは、道路、水路、上水道、下水道など、私たちの生活に欠かせないライフラインの部分です。それぞれ管理者が異なりますが、今回のケースで関係する公共施設の管理者については次のとおりです。

・水道：水道局
・道路と下水道：計画調整課
・消防水利：消防局本部警防課
・水路：農業施設課（農業用の水路）
・埋蔵文化財：埋蔵文化財課

大体は、市役所の中の担当の課ということになりますが、消防署などのように、市役所とは別の場所にある場合もあります。

また、道路に関しては、国道や県道など、国や県が管理している道路もあり、そういった道路に接している場合は、国道や県道を管理している管理事務所などと別途32条協議が必要ということになります。必要な書類をこのような公共施設の管理者に個別に提出し、個別に同意書をもらいます。

32条協議に必要な書類は、次のとおりです。

①　都市計画法第32条による協議について（様式8）（図表22）
②　設計説明書（図表23、24）
③　新たに設置される公共施設一覧表（図表25）
④　従前の公共施設一覧表（図表26）
⑤　位置図（前掲図表10）
⑥　現況図（前掲図表12）

⑦　計画平面図（前掲図表13）
⑧　個別に必要な図面など
①〜⑦までの書類は共通で必要なもので、⑧は協議する公共施設の管理者によって違いますので、これから個別に何が必要なのか詳しく見ていきます。

都市計画法第32条による協議について（様式8）の書き方（図表22）

①　日付は、今は記入しません。各公共施設の管理者に提出するときに記入します。
②　申請者は、開発申請者の住所・氏名を記入します。
③　開発する場所の所在を記入します。登記事項証明書の所在どおりに記載し、土地の地番が複数になる場合も、「他何筆」と省略せずにすべての地番を記入します。

設計説明書（表）、（裏）（様式14）の書き方（図表23、24）

①　設計者の住所、氏名、電話番号を記入します。
②　開発の目的を記入します。今回は専用住宅3棟の建売分譲となります。
③　設計の基本方針を記入します。進入路、雨水排水、水道・下水道の接続方法などを記入します。
④　開発する場所がどの区域で、どの用途地域にあるか記入します。今回は市街化調整区域です。
⑤　地目別の面積とその割合を記入します。地目とは土地の種類のことです。今回はすべて農地で

【図表 22　都市計画法第 32 条による協議について（様式８）】

様式 8

①
令和　　年　　月　　日

（あて先）福岡市長

②
申請者　住所 [redacted]

氏名 [redacted]
㊞

（本人による書名の場合，押印の必要はありません。）

都市計画法第 32 条による協議について

③
今般　福岡市[redacted]２４５７番１　を当社が開発するに当たり都市計画法第 32 条の規定に基づく協議（同意）が必要ですので関係図書を添えて協議いたします。

記

添　付　図　書

1. 設計説明書 ………………………………………… （様式 14）
2. 新たに設置される公共施設 ………………………… （様式 15 の 2）
3. 従前の公共施設 …………………………………… （様式 15 の 2）
4. 位置図
5. 現況図
6. 計画平面図

注　協議する内容によって必要な図書を添付してください。

【図表 23　設計説明書（表）】

様式第 14
規則様式第 10 号

（表）

設　計　説　明　書

①
設計者　住所　福岡県[redacted]
　　　　氏名　行政書士中園雅彦事務所　行政書士　中園雅彦　電話 092-[redacted]

設計の方針	開発の目的	専用住宅３棟の建売分譲 ②
	基本方針	③ 進入路は南側道路からのみとする。 雨水は南側道路側溝へ接続して排水する。 上下水は、北側道路の本管へ接続して給・排水する。

地域地区等	ア 市街化区域 (イ) 市街化調整区域 ④		用途地域等	
	宅地造成工事規制区域	内・(外)	その他	

開発区域内の土地の現況	地目区分	宅地	農地	山林	里道水路等国有地	その他	合計
	面積	m²	775.20m² ⑤	m²	m²	m²	775.20m²
	比率	%	100%	%	%	%	100%

土地利用計画	区分	建築物敷地		公共施設用地			その他	合計
		一般宅地	公益的施設	道路	公園	その他		
	面積	⑥ 775.20m²	m²	m²	m²	m²	m²	775.20m²
	比率	100%	%	%	%	%	%	100%

公益的施設の整備計画	公益的施設の名称	敷地面積	管理者	整備計画(建設時期等)

使用水の種類	(ア) 水道 ⑦ イ 井戸水 ウ 水道・井戸水併用	消防水利施設	(ア) 消火栓 ⑧ 1カ所 イ 貯水槽 基 ウ その他	予定戸数 ⑨ 3戸 計画人口 8.4人 人口密度 108人／ha

注意事項
1 「開発の目的」の欄には，住宅地分譲，社員住宅，工場建設等の区分を記入してください。
2 「基本方針」の欄には，計画上周辺地との関連や施行地の問題で特に注意した事項を記入してください。
3 「公益的施設の整備計画」の欄には，都市計画法第 29 条第 1 項第 3 号及び都市計画法施行令第 27 条の公益的施設について記入してください。
4 「開発区域内の土地の現況」の欄及び「土地利用計画」の欄については開発区域を工区に分割したときは，工区別の内訳表を添付してください。

【図表24　設計説明書（裏）】

（裏）

	公共施設の種類	番号	概要			管理者 ⑫	用地の帰属 ⑬	摘要 ⑭
			幅員寸法	延長	面積			
公共施設の整備計画	⑩ 小口径汚水桝		φ２００	３基		福岡市長	—	公共下水道管理者
	⑪ 汚水取付管		φ１５０	７．４３m		福岡市長	—	公共下水道管理者

注意事項
1　公共施設の整備計画には，都市計画法第4条第14項に定める公共施設について記入してください。
2　摘要欄には，費用負担の状況を記入してください。
3　実測図に基づく公共施設の新旧対照図を添付してください。
4　番号は，図面記載の番号と一致させてください。

すので農地100％です。

⑥ 土地利用を利用別に記入します。今回はすべて一般宅地となります。

⑦ 使用水の種類を記入します。今回は水道に接続するので、水道です。

⑧ 消防水利施設は、今回は既存の消火栓1カ所です。

⑨ 予定戸数と人口を記入します。計画人口は、計画戸数3×2・8＝8・4人です。その計画人口をもとに、1ヘクタール当たりの人口密度を計算して記入します。今回は、8・4×10000÷775・20＝108人となります。

⑩ 公共施設の整備計画を記入します。小口径汚水桝とは、下水道本管との接続部分に取り付ける桝のことです。道路上の各宅地の前に設置しますので、3基となります。一般的な住宅用は200ミリとなります。

⑪ 汚水取付管とは、下水道本管から各宅地へと接続する管の部分です。今回は3本ありますので、下水道本管から各宅地までの3本分の管の長さの合計を記入します。

⑫ 管理者は市長となります。

⑬ 用地の帰属とは、道路用地などの土地を寄付するかしないかです。今回、寄付する道路用地などはありませんので記入しませんが、道路用地があって市に寄附する場合は市と記入します。

⑭ 摘要は、下水道施設の場合は、公共下水道管理者と記入します。道路の場合は道路管理者と記入します。

新たに設置される公共施設一覧表と従前の公共施設一覧表（様式15の2）の書き方（図表25、26）

書き方は前項の⑩から⑭と同じですが、新たに設置されるものと従前から存在するものを分けて記入します。今回は、開発する場所に従前から存在する公共施設はないので、「なし」と書きます。

【図表25　新たに設置される公共施設一覧表】

様式１５の２

新たに設置される公共施設一覧表

公共施設の種　類	番号	概　要			管理者	用地の帰　属	摘　要
		幅員寸法	延　長	面　積			
小口径汚水桝		φ２００	３基		福岡市長	—	公共下水道管理者
汚水取付管		φ１５０	７．４３m		福岡市長	—	公共下水道管理者

【図表26　従前の公共施設一覧表（様式15の2）】

様式１５の２

従前の公共施設一覧表

公共施設の種　類	番号	概　要			管理者	用地の帰　属	摘　要
		幅員寸法	延　長	面　積			
なし		m	m	㎡			

2　水道

水道の管理者は水道局

水道局との32条協議は、水道の計画に関することだけですので、計画平面図上に、水道の本管と本管からの引込の管の種類、口径、位置などを記載します。

どれぐらいの口径で各分譲地に引き込むのかは、一般的な戸建住宅なら13ミリか20ミリぐらいです。水道の栓の数が多ければ、1度に使用できる水の量が多くなりますので、口径が大きくなります。

水道局が引込管の種類や口径など、一般的に使われているものを教えてくれます。水道局や水道の設備業者に相談して決めます。

図表27は、水道局からの32条同意書です。開発行為許可申請時に原本を添付します。

今回のケーススタディでは、3区画の土地から本管に接続する給水工事だけですので、この同意書をもらったら水道局とのやり取りは終了となります。

ただし、開発する土地に新しく道路を入れて、その道路に水道の本管を新たに設置する場合などは、同意書とは別に協定書を水道局と取り交わすことになります。

協定書は、開発申請者側と水道局側の同意を基に作成しますので、契約書のように2部作成して双方の印鑑が必要になります。

【図表27　水道局からの32条同意書①】

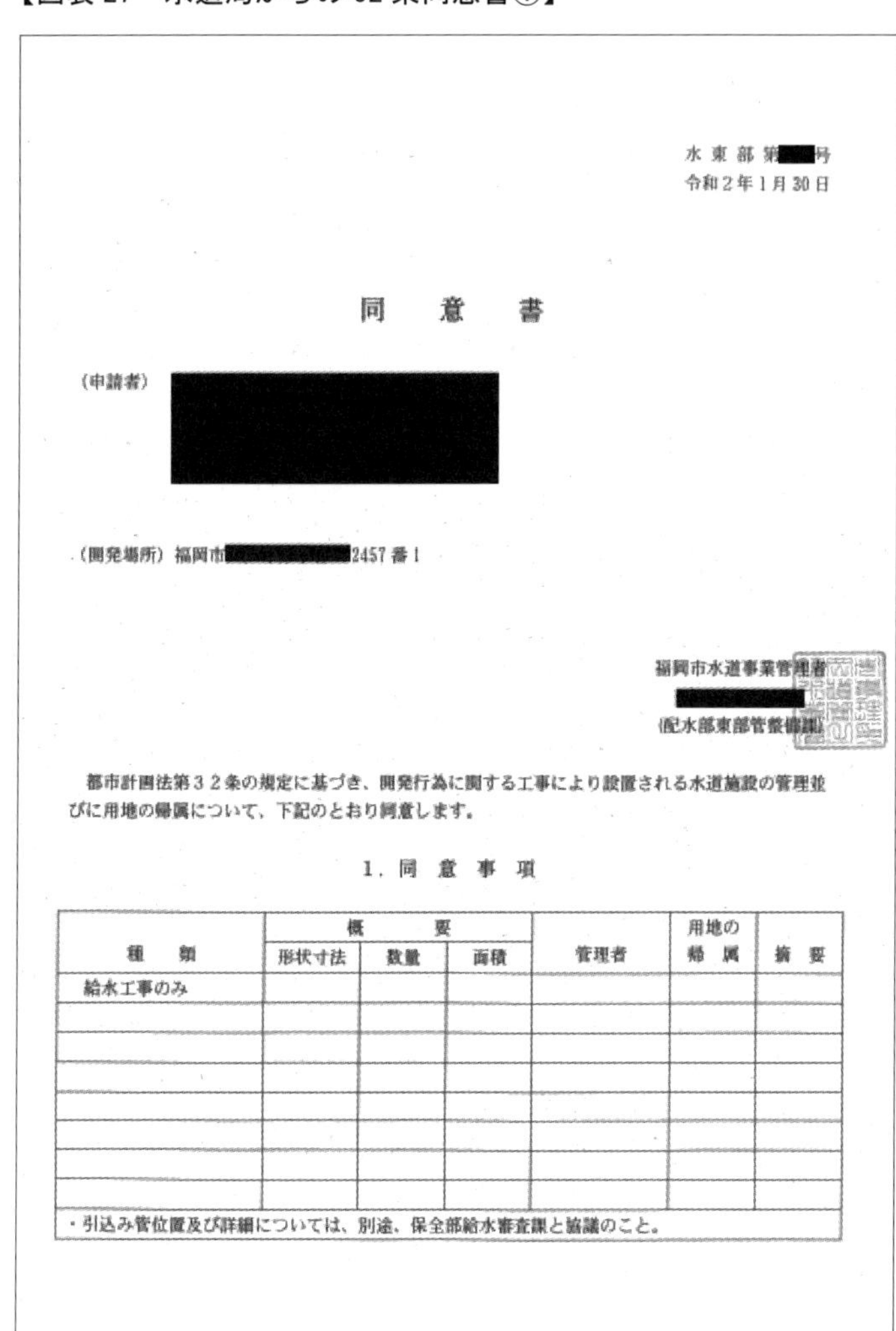

水東部第■■号
令和2年1月30日

同　意　書

（申請者）■■■■

（開発場所）福岡市■■■■2457番1

福岡市水道事業管理者
■■■■
（配水部東部管整備課）

都市計画法第32条の規定に基づき、開発行為に関する工事により設置される水道施設の管理並びに用地の帰属について、下記のとおり同意します。

1．同意事項

種類	概要			管理者	用地の帰属	摘要
	形状寸法	数量	面積			
給水工事のみ						
・引込み管位置及び詳細については、別途、保全部給水審査課と協議のこと。						

【図表 27　水道局からの 32 条同意書②】

2．同　意　内　容

1．申請者は、「福岡市開発技術マニュアル」を遵守し、水道事業管理者と同意した設計図書及び内容どおり施工すること。また、実施で設計変更等が生じた場合は、必ず事前に協議を行った後、施工すること。

2．福岡市水道給水条例に基づく給水装置工事申込は、同意書(写)を添付し、その承認を受けること。

3．福岡市が管理している道路及び水路の占用許可掘削は、別途区維持管理課に申請し、許可後着工すること。

4．(1)水道施設（配水管等）の帰属がある場合
・工事は、福岡市水道局水道工事共通仕様書及び給水装置工事施行基準に準じること。
・工事業者は、配管に関する技術を有する有資格者であること。
・工事前に、別途工事着手届を提出すること。
・工事に伴い、技術指導員（水道局職員）を派遣するので、その指示に従うこと。
・工事完了に際し、竣工図(平面図及び詳細図)及び原図、材料等検査合格書、工事写真(1部)を提出すること。
(2)水道施設（配水管等）の帰属がない場合
・工事は、福岡市水道局給水装置工事施行基準に準じること。
(3)上記（1）（2）の施工の際は、他の地下埋設物との離隔 30 cm以上を確保し、施工すること。

5．工事完了検査合格後、水道施設の帰属がある場合は、寄付採納願を提出すること。

6．福岡市水道局に帰属する水道施設の担保期間は、特に定めがない限り、寄付通知の翌日から1年間とする。

7．申請者は、水道施設を設置するにあたり断水作業及び断水を伴わない洗管作業が発生する場合には、費用として1作業につき18，000円に消費税相当額を加えた額を支払うものとする。

3　道路と下水道

道路と下水道の32条協議

今回のケースでは、道路と下水道は計画調整課ですが、他の市町村では道路担当課は建設課、下水道担当課は下水道課などと分かれている場合が多いです。

32条協議の中で最も協議する内容が多く、時間がかかるのが道路担当課との協議です。

計画調整課の32条同意協議書（図表28）

計画調整課との32条協議には、32条協議に必要な書類と一緒にこの同意協議書を2部添付します。開発する場所と申請者住所、氏名を記入し印鑑を押します。

雨水最終枡構造図（図表29）

雨水は、各宅地に降ったものを1つのため桝に集めて、道路側溝などに接続して流します。この最終的に雨水が集まるため桝のことを最終桝と呼びます。開発の完了検査時も最終桝と道路側溝がきちんと接続されているか確認されます。雨水の最終桝の構造図は、製品のカタログやインターネットなどからダウンロードしたものを添付します。

【図表 28　計画調整課の 32 条同意協議書】

【同意協議書】

道計調　第　　　号
令和　　年　　月　　日

同　意　協　議　書

開発場所　福岡市[redacted]２４５７番１

公共施設の管理者　　福岡市中央区天神一丁目８番１号
（道路・下水道管理者）福　岡　市　長　　髙島　宗一郎

申請者　住所　[redacted]

氏名　[redacted]　印

都市計画法（昭和４３年法律第１００号）第３２条の規定に基づき，開発行為又は開発行為に関する工事により設置される公共施設の管理並びに用地の帰属について，下記の通り協議し，協議が整ったことを確認する。

１．同意協議事項

種　類	概　要			管理者	用地の帰属	摘　要
	幅寸法	延　長	面　積			
		別紙のとおり				
※　雨水流出抑制施設　有　，　無 （　　　） ※　特定施設事前協議　有　，　無						

【図表29　雨水最終枡構造図】

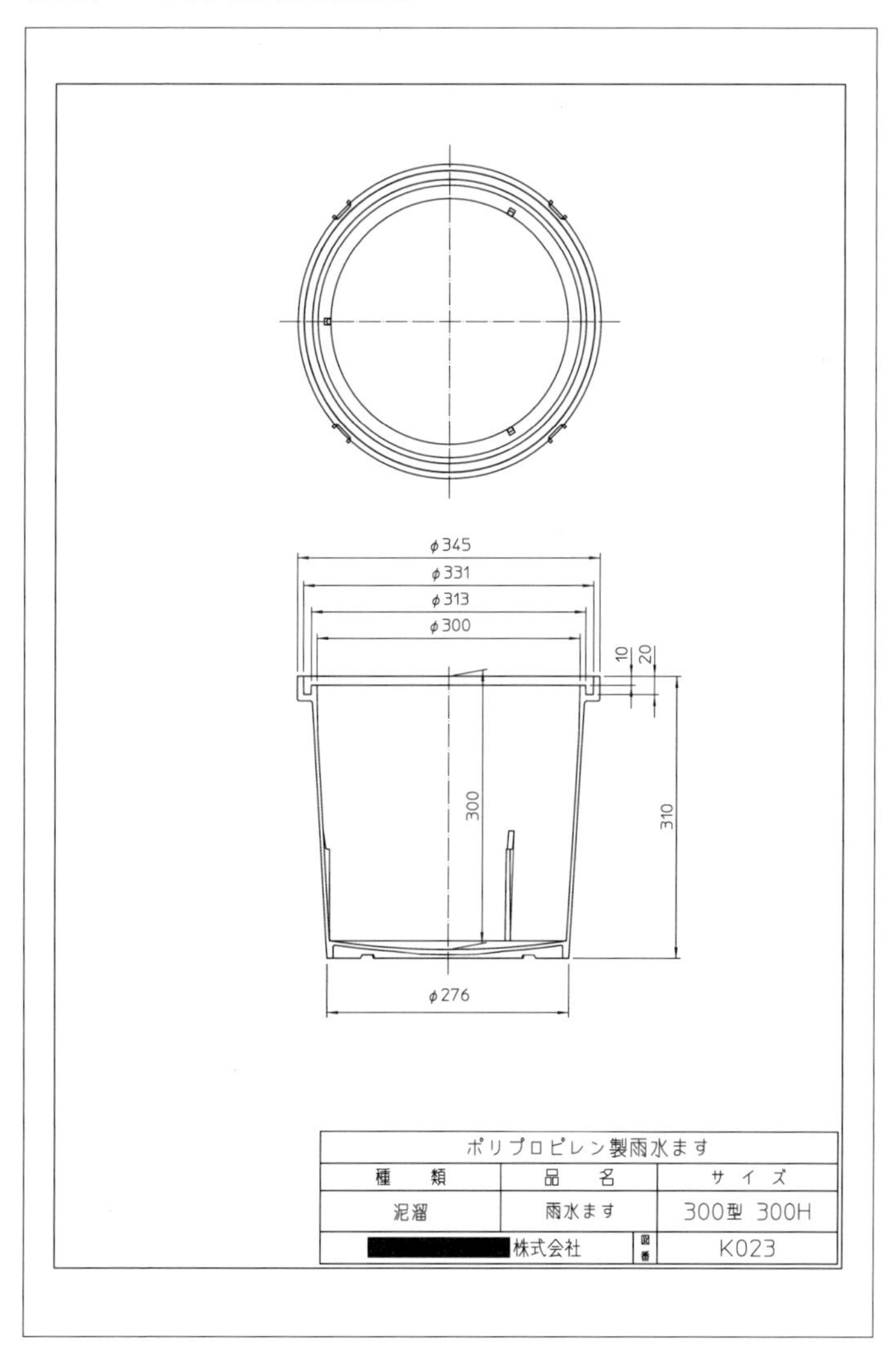

下水道の32条協議

下水道の32条協議に必要なものは、下水道の排水計画が記載された計画平面図と、それぞれの構造図です。

下水道の計画平面図は、本管と本管からの取付管の種類、使用する桝やマンホールの種類、口径、位置などを記載します。今回のケースでは、下水道の桝やマンホールの構造図は、下水道標準設計図として市のホームページで公開されており、その標準図から関係する部分（小口径汚水桝構造図（図表30）、小口径汚水桝ふた関連構造図（図表31））を抜粋しています。

不明な場合は、下水道設備業者などに作成してもらいます。

開発地にもともと接する道路

道路と言っても開発する場所にもともと接する道路と、開発する土地の中に新しくつくる道路（開発道路）とがあります。

開発する場所にもともと接する道路の歩道部分を、車の乗入れのためにつくり替えたりする際の工事の内容について協議します。これを歩道の切下げといいます。

歩道は、車道より一段高くなっている場合が多く、車が通れるように車道の高さに合わせて切り下げるためです。歩道用の舗装は厚みが薄く、車道用は厚いので、車が進入する場所は、車道用の厚い舗装につくり変える必要があります。

【図表30　小口径汚水桝構造図】

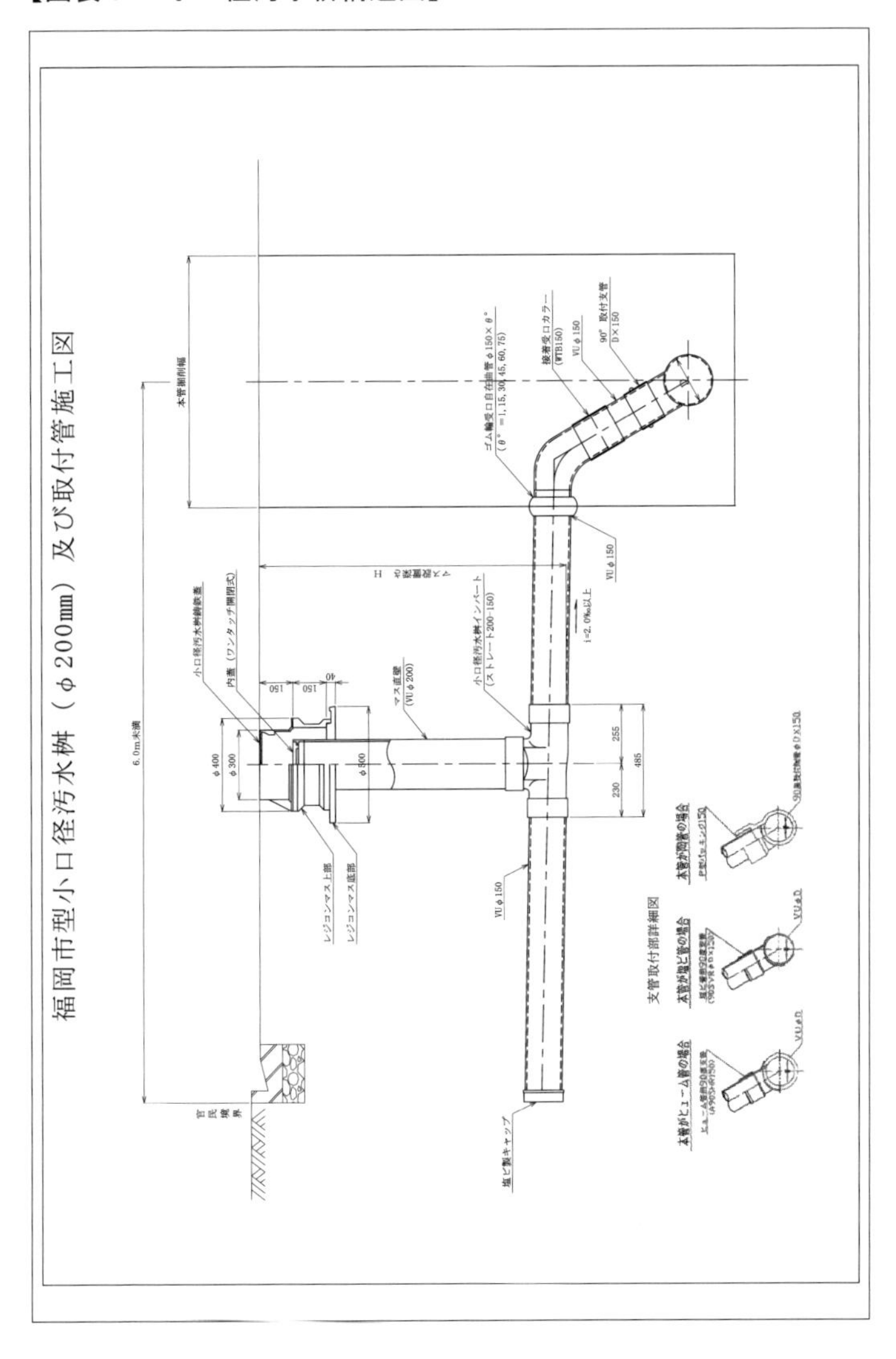

【図表 31　小口径汚水桝ふた関連構造図】

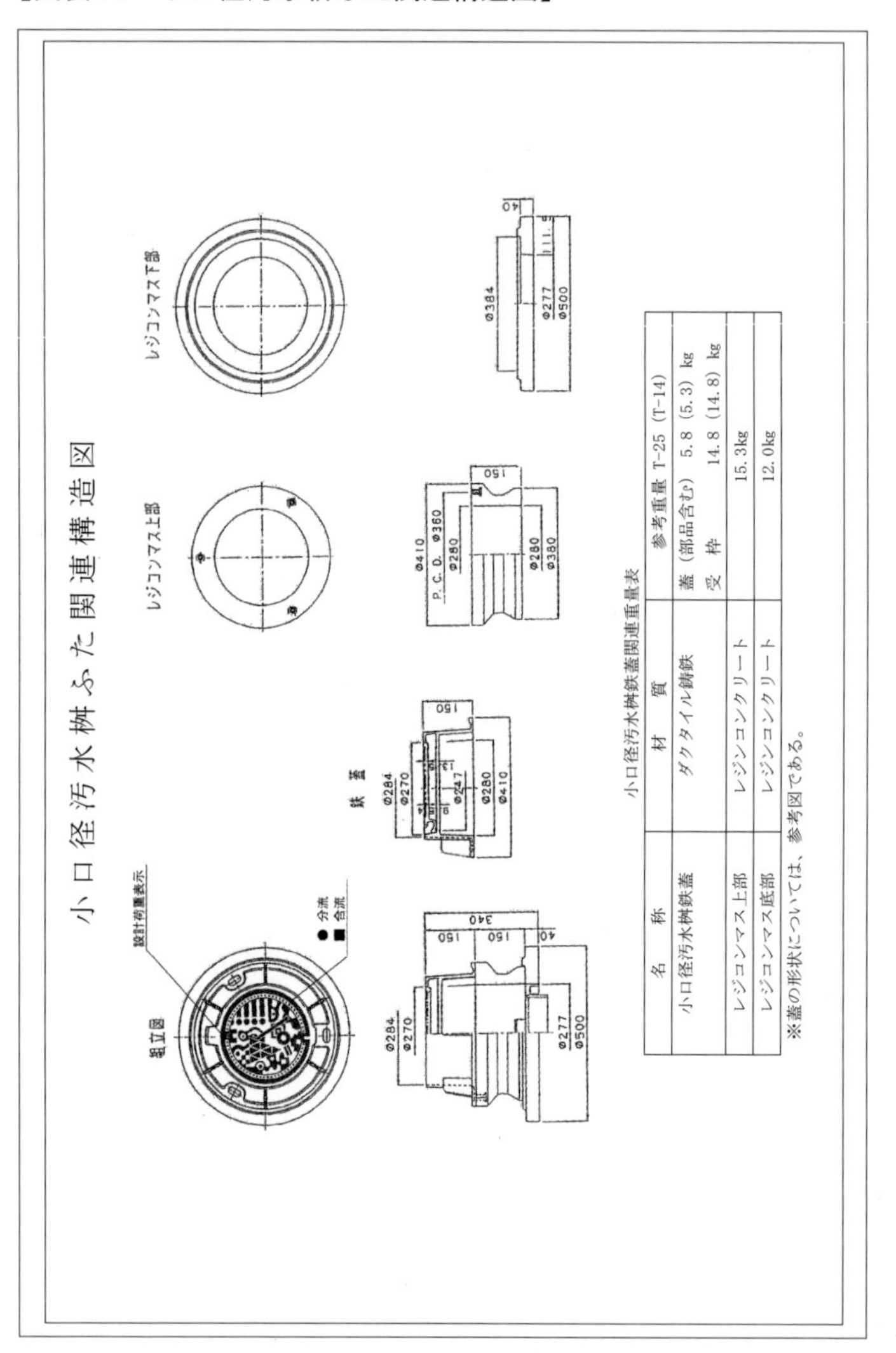

小口径汚水桝鉄蓋関連重量表

名　称	材　質	参考重量 T-25 (T-14)
小口径汚水桝鉄蓋	ダクタイル鋳鉄	蓋（部品含む）　5.8 (5.3) kg 受　枠　14.8 (14.8) kg
レジコンマス上部	レジンコンクリート	15.3kg
レジコンマス底部	レジンコンクリート	12.0kg

※蓋の形状については、参考図である。

開発する土地の中に新しくつくる道路（開発道路）

開発道路は、寄付する場合が多いです。開発申請者の所有のまま自分で管理することも可能ですが、もし、将来的に道路が傷んだり、壊れたりした場合も、自分で管理している場合は自費で補修しなければならないからです。

ただし、寄付する場合は、道路の幅や道路側溝の種類、アスファルトの厚みなど、道路構造が市の基準どおりつくられているかどうかをしっかり審査されます。市は寄付を受けた後、その道路を管理していかなければならないためです。

道路構造が基準どおりにつくられていないと受け取ってくれませんので、工事の際もその基準を確実に工事業者さんに伝えておきましょう。

道路との境界確認書の写し（表紙のみ抜粋）（図表32）

開発する場所と道路との境界線がはっきり決まっているかを確認するためのものです。

その土地が以前に測量をされており、境界線が決まっていれば、土地の所有者が持っている書類です。

まだ測量されていない土地であれば、土地家屋調査士に依頼して測量し、境界線を決める立会などをすることによりこの書類が出来上がります。ここでは表紙しか載せていませんが、境界線を示した図面や境界のポイントに設置してある境界標の写真などが綴じられています。

【図表 32　道路等に係る境界確認書の写し】

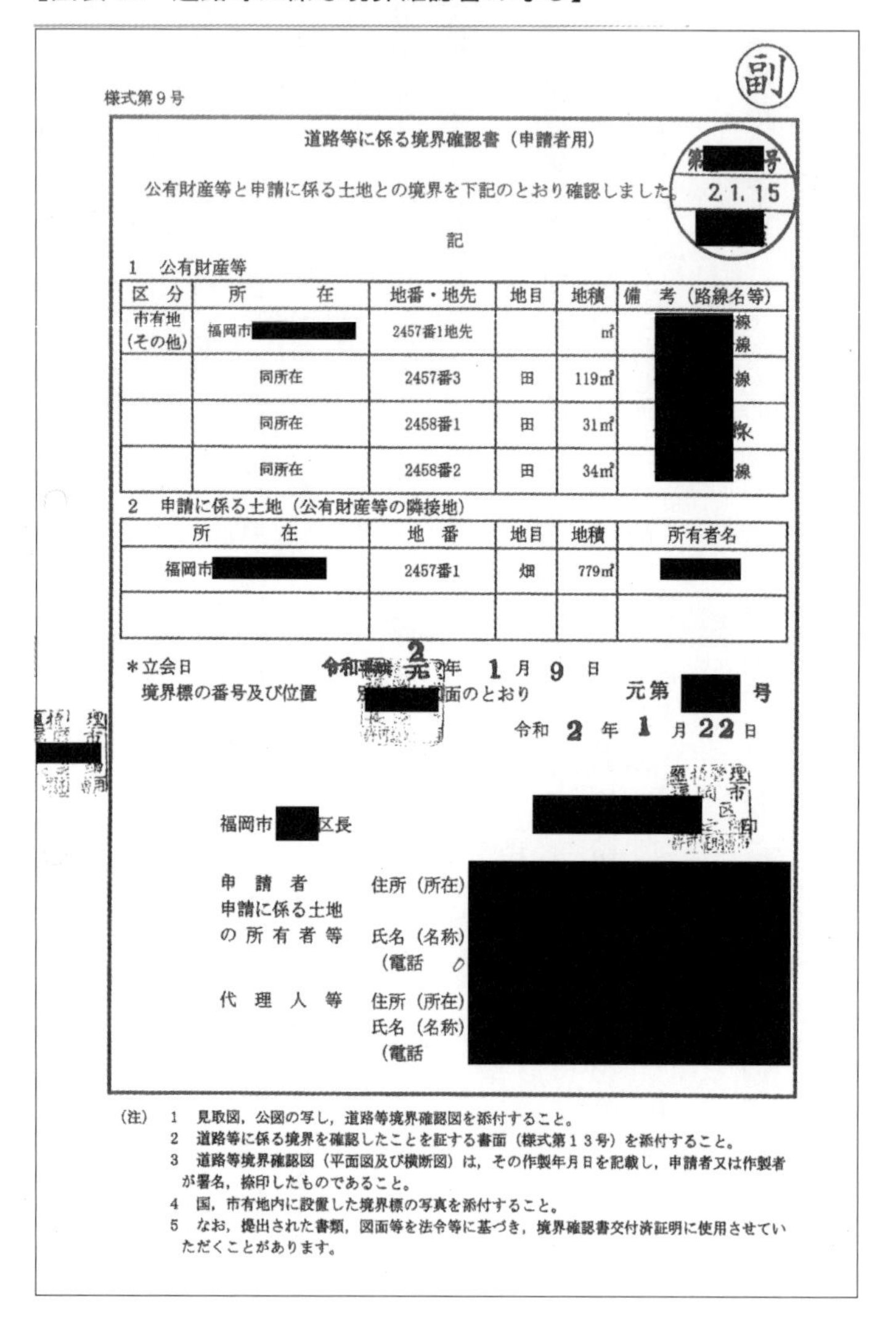

副

様式第９号

道路等に係る境界確認書（申請者用）

公有財産等と申請に係る土地との境界を下記のとおり確認しました。

第　　号
2.1.15

記

1　公有財産等

区　分	所　　在	地番・地先	地目	地積	備　考（路線名等）
市有地（その他）	福岡市	2457番1地先		㎡	線 線
	同所在	2457番3	田	119㎡	線
	同所在	2458番1	田	31㎡	線
	同所在	2458番2	田	34㎡	線

2　申請に係る土地（公有財産等の隣接地）

所　　在	地　番	地目	地積	所有者名
福岡市	2457番1	畑	779㎡	

＊立会日　　令和2年　1月　9日
境界標の番号及び位置　　別　　図面のとおり

元第　　号
令和 2 年 1 月 22 日

福岡市　　区長　　印

申　請　者　　住所（所在）
申請に係る土地
の所有者等　　氏名（名称）
（電話

代　理　人　等　　住所（所在）
氏名（名称）
（電話

（注）　1　見取図，公図の写し，道路等境界確認図を添付すること。
2　道路等に係る境界を確認したことを証する書面（様式第１３号）を添付すること。
3　道路等境界確認図（平面図及び横断図）は，その作製年月日を記載し，申請者又は作製者が署名，捺印したものであること。
4　国，市有地内に設置した境界標の写真を添付すること。
5　なお，提出された書類，図面等を法令等に基づき，境界確認書交付済証明に使用させていただくことがあります。

4　消防水利

なぜ消防局との協議が必要か

消防水利に関しての32条協議は、消防局の警防課と行います。なぜ消防局と32条協議が必要なのかと疑問に思われる方もいるかもしれません。

消防水利とは、消防活動を行う際の水利施設のことです。重要なのは、万が一開発する場所で火事が起こった際、有効な消火活動ができるかどうかです。これは、消火栓からの位置と消防用活動空地があるかどうかで判断されます。

消防用活動空地とは、はしご車が消火活動するための進入路と空地のことです。建物の規模が４階建て以上になると必要になります。今回のケースは２階建てですので、必要ありません。

消火栓からの位置

消火栓の位置から１２０ｍの範囲内に開発する場所が入っているかで判断します。場所によっては１００ｍ以内の場合もあります。消火栓の位置は、水道局で取得できる水道の配管図上に記載されており、後は現地で実際に見て確認します。

消火栓も、口径によっては消防水利上有効でないと判断される場合もありますので、詳しくは消防局に確認してください。

もし、範囲内に開発する場所が入っていない場合は、新たに消火栓や防火水槽（消火するための水を溜めておく水槽）を設置する必要が出てきます。消火栓や防火水槽を設置する費用は、一般的に高額なうえ、開発申請者負担ですので、設置が必要かどうかは、早い段階で確認することをおすすめします。想定していた開発に必要な費用の見積りが大幅に変わる可能性があるためです。

消防水利図の書き方（図表33）

消防局との32条協議には、消防水利図が必要です。

消防水利図は、今回のケースでは消火栓の位置から１２０ｍの範囲以内に開発する場所が入っていることを示しています。

消火栓の位置は、水道局で水道の配水管管理図を取得すると、Ⓗの記号で記載されています。そこを中心として１２０ｍの円を描き、開発する場所が範囲内に入っていることを示しましょう。

消防からの32条同意書（図表34）

図表34は、消防局からの32条同意書です。今回は既存の消火栓から１２０ｍの範囲内で、建物も2階建てなので、消防水利施設も消防用活動空地のどちらも不要という回答です。開発行為許可申請時に原本を添付します。

【図表33　消防水利図】

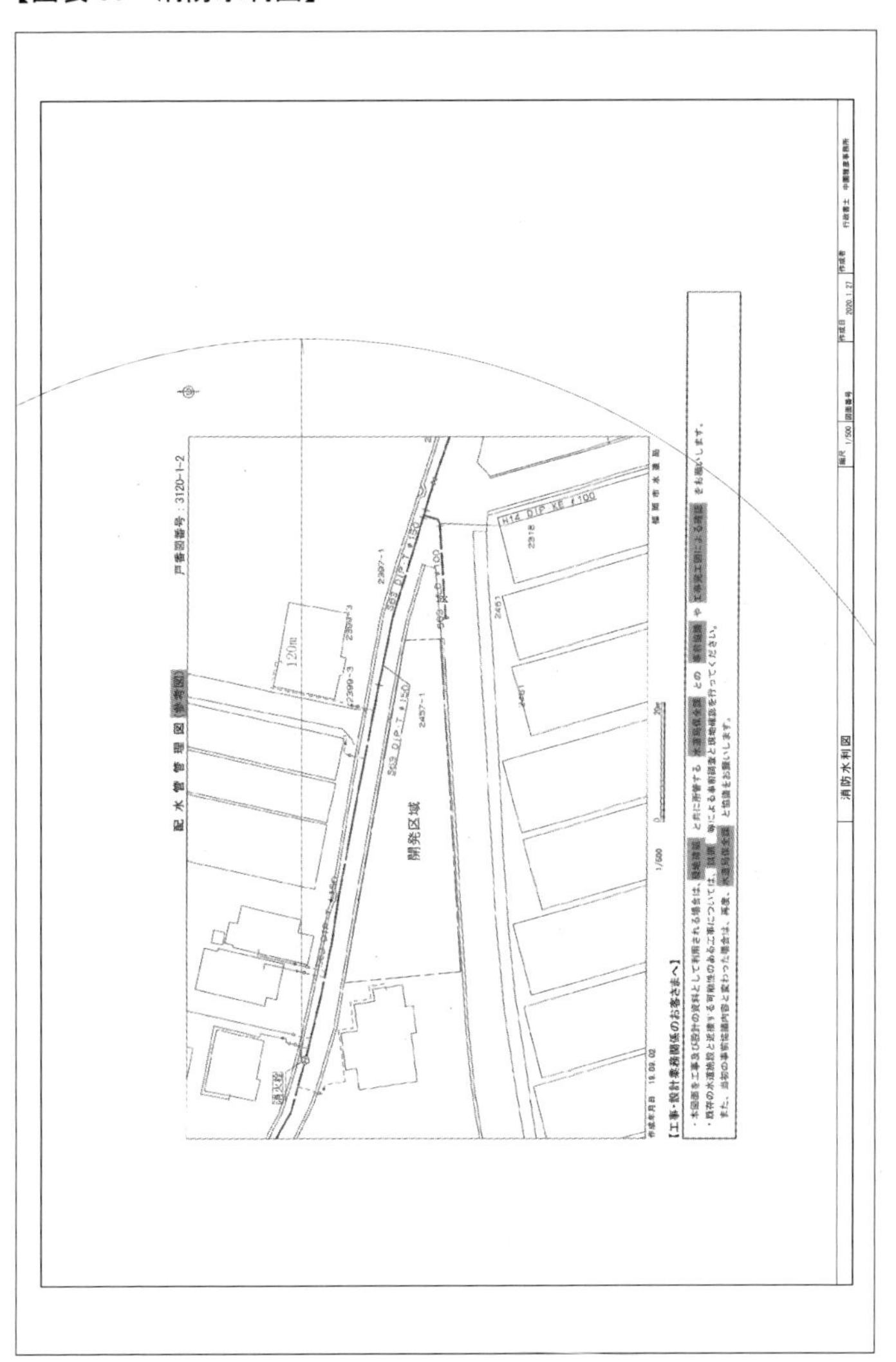

【図表 34　消防からの 32 条同意書】

消警第[redacted]号
令和 2 年 1 月 31 日

[redacted]
[redacted]様

福岡市長 [redacted]
（消防局警防部警防課）

都市計画法第３２条による協議について（回答）

開発場所　福岡市[redacted]2457 番 1

開発面積　775. 20 ㎡

上記の開発行為に係る協議申請については，下記のとおり回答します。

記

1　消防水利について
　当該開発区域においては，消防に必要な水利を既存の消防水利施設から確保することができるため，消防水利施設の設置は不要です。

2　消防活動用地について
　当該開発は，地階を除く階数が３以下である建築物の用に供する敷地を配置するものであるため，消防活動用地の確保は不要です。

5　水路

農業用水路が関係してくる場合

開発する場所の隣に農業用水路があり、雨水などの排水を農業用水路に流す場合、農業施設課と32条協議をする必要があります。

開発しようとする場所は、農村部の場合は特に田や畑などの農地の場合が多いです。特に、田には水を入れたり排水したりするため、農業用水路と接していることが多いです。開発する土地を造成して宅地にすることによって、周辺の農地に水を引くことや排水ができなくなるなど、悪い影響を与えてはいけません。

また、これまで田に水を入れていた給水口や排水口が水路に残っている場合は、それらはもう使用しなくなるので、今回は塞いでしまうのかなど、その処理方法についても、地元の水利関係者とよく協議しておく必要があります。

農業施設課との32条協議

今回は水路などの農業用施設がなく、32条協議は不要でした。しかし、農地なので、地元の水利関係者と農業用施設について協議し、その議事録（図表35）を提出する必要がありました。

【図表 35　農業用施設についての議事録】

農業用施設についての議事録

出席者　[redacted]町内会　副　会　長　[redacted]様、
土木委員長　[redacted]様
行政書士中園雅彦事務所　　行政書士　中園雅彦

1　日　　時　　令和２年１月１５日（水）１７：００～１８：００

2　場　　所　　[redacted]

3　土地の表示　　福岡市[redacted]２４５７番１　　畑　　７７９㎡

4　概　　要

<開発対象地の農業用施設について>

・開発対象地及びその周辺には農業用の取水口・排水口等はないので、今回の開発行為については特に異議なく承諾していただく。

上記のとおり、相違ありません。

令和２年１月２１日

福岡県[redacted]
行政書士中園雅彦事務所　　行政書士　中園雅彦

農地転用許可

開発地が農地であるということは、同時に農地転用許可申請も必要ということになります。

農地転用許可申請においても、計画によって周辺の農地へ悪い影響を与えないかという部分は、審査される重要なポイントです。

また、地元の水利関係者からの同意書も必要ですので、同時にもらっておくとよいでしょう。開発許可申請と農地転用許可申請は、同時申請・同時許可が原則です。

6　埋蔵文化財

埋蔵文化財とは

埋蔵文化財とは、わかりやすく言うと遺跡のことです。埋立地のように、後から人工的にできたことがわかっている土地であればその可能性はありませんが、以前から存在する土地であれば、開発する土地の下に○○時代の遺跡が眠っているということも考えられます。

埋蔵文化財に対する影響

開発行為の造成工事によって土を削る場合や、建築物の基礎のために土を削り、眠っている埋蔵文化財に気づかずに破壊してしまうことも考えられます。そのようなことが起きないよう、事前に埋蔵文化財課で、その場所が周知の埋蔵文化財包蔵地内かどうか確認します。

周知の埋蔵文化財包蔵地とは、埋蔵文化財を包蔵する土地として知られている土地のことです。つまり、埋蔵文化財がある可能性が高い場所ということになります。包蔵地外であれば、埋蔵文化財が存在する可能性は低いので、今回のように工事に支障なしという回答書がもらえます。ただし、可能性はゼロではないので、万が一、工事中に埋蔵文化財が発見された場合は、速やかに届け出ることとなっています。

埋蔵文化財包蔵地内であった場合

文化財保護法第93条届出書を提出し、造成の計画図面や、建築物の基礎の図面で今回の工事でどれくらいの深さまで土を削るのかを確認します。

埋蔵文化財課が現地を試しに掘ってみるという場合もあります。これを試掘といいます。試掘で何も出なければ、工事は進めてもよいが慎重に工事してくださいと回答がきますが、もし、何か遺跡が出た場合は本格的な発掘調査に進むこともあります。

発掘調査の場合の費用は申請者負担となりますし、発掘している期間は工事することはできません。大幅に計画が変わることになりますので、こちらも早い段階で確認しておくとよいでしょう。

今回は、周知の埋蔵文化財包蔵地外であり、届出や試掘などの手続は不要でした。図表36は埋蔵文化財課からの回答書です。

【図表36　埋蔵文化財回答書】

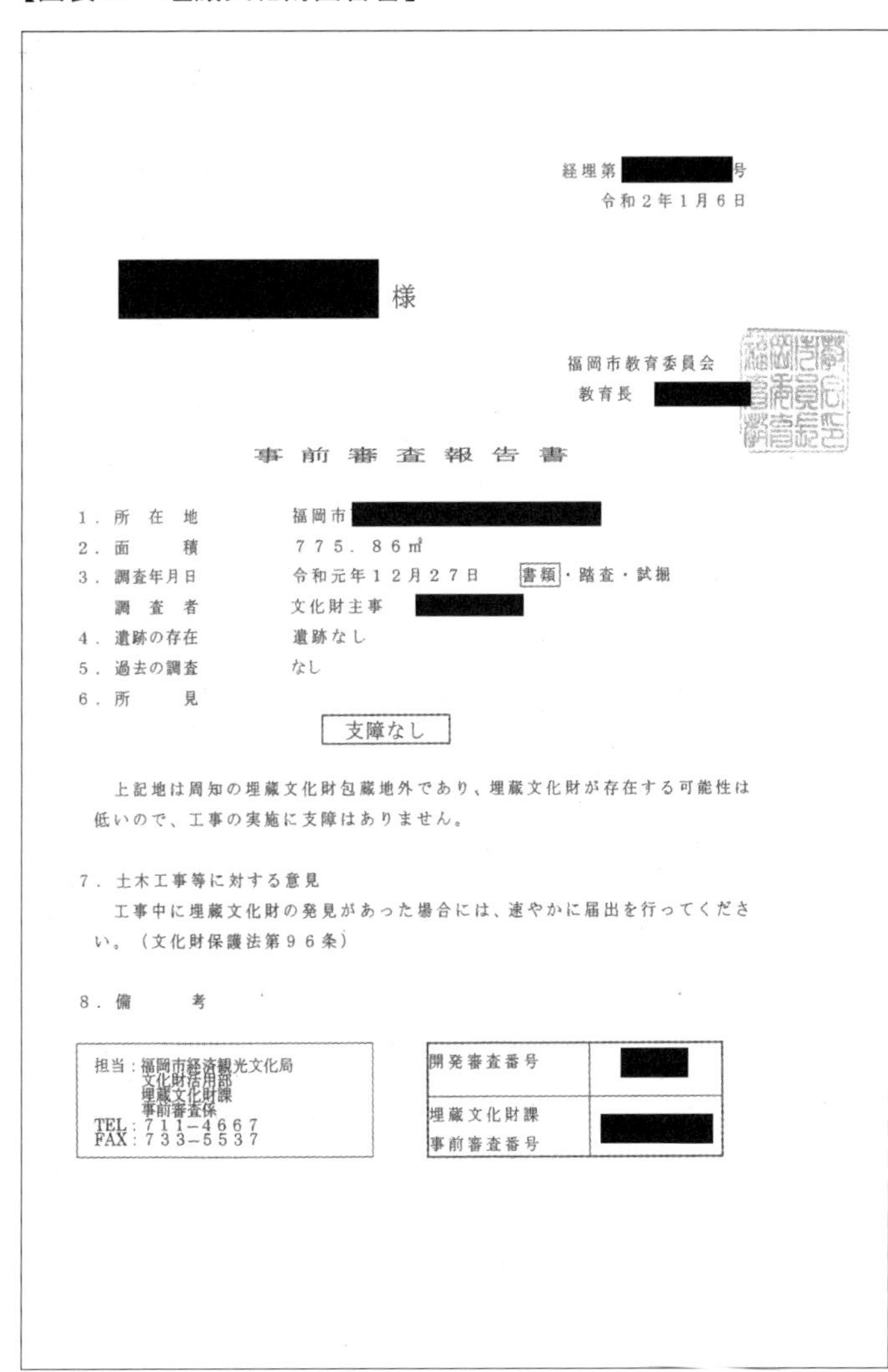

経埋第■■■号
令和２年１月６日

■■■■様

福岡市教育委員会
教育長 ■■■

事前審査報告書

１．所在地　福岡市■■■
２．面積　７７５．８６㎡
３．調査年月日　令和元年１２月２７日　書類・踏査・試掘
　調査者　文化財主事 ■■■
４．遺跡の存在　遺跡なし
５．過去の調査　なし
６．所見

支障なし

上記地は周知の埋蔵文化財包蔵地外であり、埋蔵文化財が存在する可能性は低いので、工事の実施に支障はありません。

７．土木工事等に対する意見
工事中に埋蔵文化財の発見があった場合には、速やかに届出を行ってください。（文化財保護法第９６条）

８．備考

担当：福岡市経済観光文化局
文化財活用部
埋蔵文化財課
事前審査係
TEL：７１１−４６６７
FAX：７３３−５５３７

開発審査番号	■■■
埋蔵文化財課 事前審査番号	■■■

埋蔵文化財課との32条協議

埋蔵文化財の場合は、埋蔵文化財の照会書を提出することや、その後の93条届出書を提出することと自体が32条協議となります。今回のケーススタディの場合は、開発する土地はそもそも周知の埋蔵文化財包蔵地外で、もとから埋蔵文化財が出る可能性は低い場所だと認識されている場所でした。また、埋立地など埋蔵文化財が出る可能性がない場所を包蔵地外リストとして公表している場合もあります。

そのような場合は、照会書の提出をする必要もなく、事前協議申請をした後に埋蔵文化財課から連絡があり、図表36のような事前審査報告書が出てきますから、前掲図表22の都市計画法第32条による協議について（様式8）のような一般的な32条協議に必要な書類の提出も必要はありません。

埋蔵文化財の照会方法

埋蔵文化財の照会が必要なのか、そもそも何もする必要がないのか、FAXなどで事前に地図を送って確認することができる自治体もあります。また、ホームページなどで埋蔵文化財包蔵地の分布図を見ることができる場合や、埋蔵文化財の照会書の様式は自治体ごとに異なっており、ホームページでその様式をダウンロードできる場合も多いです。

詳しくは、開発する土地がある市町村の埋蔵文化財担当の課に連絡して、早めに確認をしておくことが望ましいです。

第5章　開発行為許可申請書類の作成

1　開発行為許可申請書

開発行為許可申請のやり方

関係するすべての部署からの32条同意書が揃ったら、いよいよ開発行為許可申請です。

開発行為許可申請書類は、原本の正本1部、コピーの副本1部（正本は様式9の1、副本は様式9の2をそれぞれ表紙につけて綴じます）を作成して開発担当の課に提出します。

受付が完了すれば、申請手数料を市の証紙で支払います。申請手数料は、自己居住用か、自己業務用か、自己用外かによって大きく分けられ、あとは開発する場所の面積によって変わってきます。

今回は、自己用外で面積が0・1ヘクタール未満ですので、86，000円となります（図表37）。

開発行為許可申請書（様式9の1）（図表38）の書き方

① 日付は、今は記入しません。開発担当の課に提出するときに記入します。
② 許可申請者欄には開発申請者の住所・氏名を記入します。
③ 開発する場所の所在を記入します。登記事項証明書の所在どおりに記載し、土地の地番が複数になる場合も、「他何筆」と省略せずにすべての地番を記入します。
④ 開発区域の面積を記入します。登記事項証明書の面積と実際に測量した面積が違う場合は、実

【図表 37　開発行為許可申請手数料①】

別表第 4

（平成 13 条例 31・平成 14 条例 54・一部改正・平成 18 条例　）

事務	名称	金額
1　都市計画法(以下この表において「法」という。)第 29 条第 1 項又は第 2 項の規定に基づく開発行為の許可の申請又は第 34 条の 2 に基づく協議に対する審査	開発行為許可申請又は協議手数料	(1)　主として自己の居住の用に供する住宅の建築の用に供する目的で行う開発行為の場合 次に掲げる開発区域の面積の区分に応じ，それぞれ次に定める金額 ア　0.1 ヘクタール未満のとき　21,000 円 イ　0.1 ヘクタール以上 0.3 ヘクタール未満のとき　31,000 円 ウ　0.3 ヘクタール以上 0.6 ヘクタール未満のとき　47,000 円 エ　0.6 ヘクタール以上 1 ヘクタール未満のとき　86,000 円 オ　1 ヘクタール以上 3 ヘクタール未満のとき　130,000 円 カ　3 ヘクタール以上 6 ヘクタール未満のとき　170,000 円 キ　6 ヘクタール以上 10 ヘクタール未満のとき　250,000 円 ク　10 ヘクタール以上のとき　420,000 円 (2)　主として住宅以外の建築物で自己の業務の用に供するものの建築又は自己の業務の用に供する特定工作物の建設の用に供する目的で行う開発行為の場合 次に掲げる開発区域の面積の区分に応じ，それぞれ次に定める金額 ア　0.1 ヘクタール未満のとき　21,000 円 イ　0.1 ヘクタール以上 0.3 ヘクタール未満のとき　47,000 円 ウ　0.3 ヘクタール以上 0.6 ヘクタール未満のとき　67,000 円 エ　0.6 ヘクタール以上 1 ヘクタール未満のとき　120,000 円 オ　1 ヘクタール以上 3 ヘクタール未満のとき　200,000 円 カ　3 ヘクタール以上 6 ヘクタール未満のとき　270,000 円 キ　6 ヘクタール以上 10 ヘクタール未満のとき　340,000 円 ク　10 ヘクタール以上のとき　480,000 円 (3)　その他の場合 次に掲げる開発区域の面積の区分に応じ，それぞれ次に定める金額 ア　0.1 ヘクタール未満のとき　86,000 円 イ　0.1 ヘクタール以上 0.3 ヘクタール未満のとき　130,000 円

【図表 37　開発行為許可申請手数料②】

		ウ　0.3 ヘクタール以上 0.6 ヘクタール未満のとき 190,000 円 エ　0.6 ヘクタール以上 1 ヘクタール未満のとき 260,000 円 オ　1 ヘクタール以上 3 ヘクタール未満のとき 390,000 円 カ　3 ヘクタール以上 6 ヘクタール未満のとき 510,000 円 キ　6 ヘクタール以上 10 ヘクタール未満のとき 660,000 円 ク　10 ヘクタール以上のとき　870,000 円
2　法第 35 条の 2 第 1 項の規定に基づく開発行為の変更許可の申請又は同条第 4 項において準用する法第34条の 2 の規定に基づく協議に対する審査	開発行為変更許可申請又は協議手数料	次に掲げる金額を合計した金額。ただし，その金額が 6,000 円に満たないときは 6,000 円を，870,000 円を超えるときは 870,000 円を，それぞれ手数料の金額とする。 (1)　開発行為に関する設計の変更((2)のみに該当する場合を除く。)については，開発区域の面積((2)に規定する変更を伴う場合にあっては変更前の開発区域の面積，開発区域の縮小を伴う場合にあっては縮小後の開発区域の面積)に応じ，それぞれ 1 の項に規定する手数料の金額の 10 分の 1 に相当する金額 (2)　新たな土地の開発区域への編入に係る法第 30 条第 1 項第 1 号から第 4 号までに掲げる事項の変更については，新たに編入される開発区域の面積に応じ，それぞれ 1 の項に規定する手数料の金額と同一の金額 (3)　その他の変更については，10,000 円
3　法第 41 条第 2 項ただし書(法第 35 条の 2 第 4 項又は第 34 条の 2 第 2 項において準用する場合を含む。)の規定に基づく建築の許可の申請又は協議に対する審査	市街化調整区域内等における建築物の特例許可申請又は協議手数料	46,000 円
4　法第 42 条第 1 項ただし書の規定に基づく建築等の許可の申請に対する審査	予定建築物等以外の建築等許可申請手数料	26,000 円

【図表 38　開発行為許可申請書】

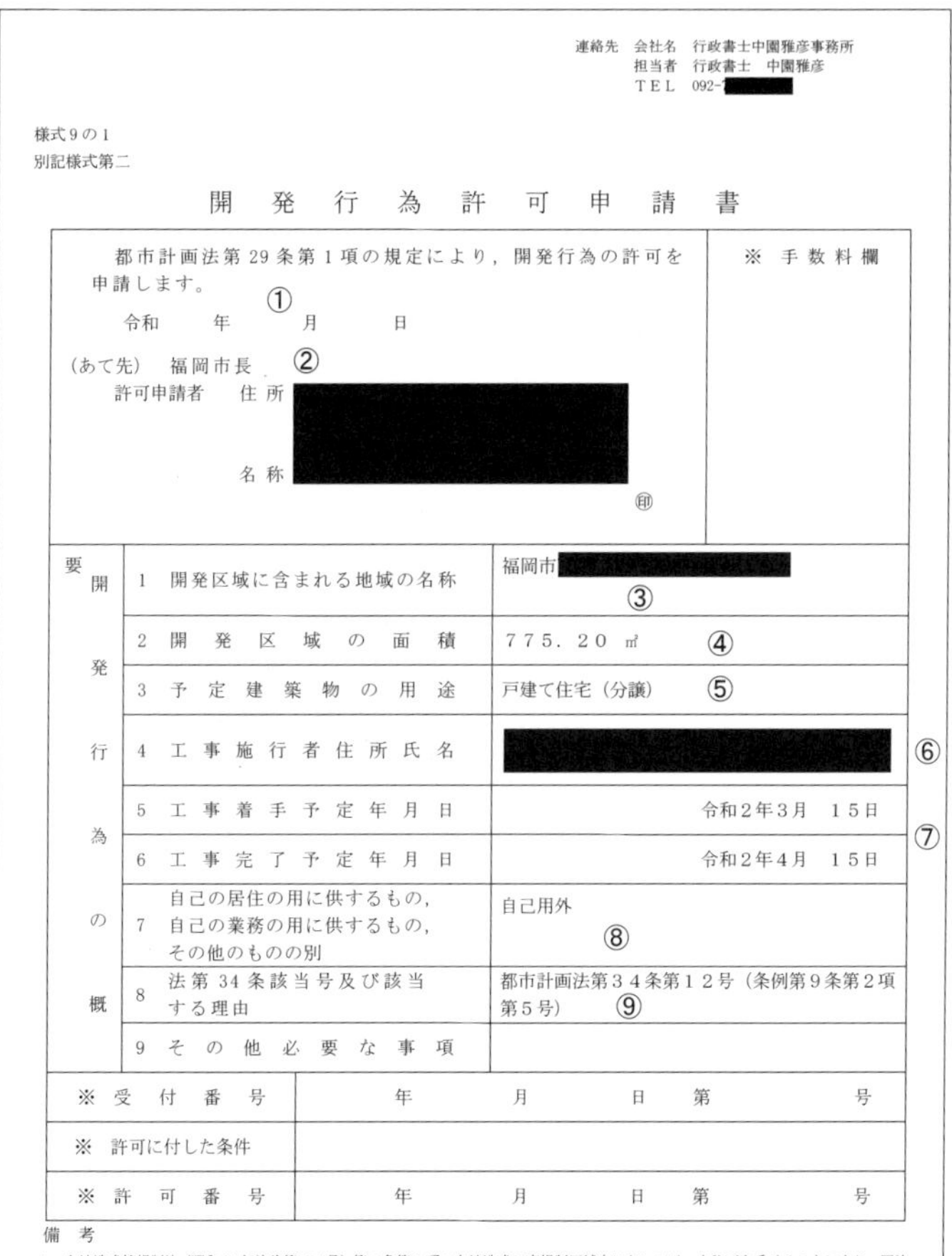

連絡先　会社名　行政書士中園雅彦事務所
担当者　行政書士　中園雅彦
ＴＥＬ　092-[黒塗り]

様式９の１
別記様式第二

開　発　行　為　許　可　申　請　書

都市計画法第 29 条第 1 項の規定により，開発行為の許可を申請します。 ① 令和　年　月　日 （あて先）福岡市長 ② 許可申請者　住所 [黒塗り] 名称 [黒塗り] ㊞	※ 手数料欄

開発行為の概要	項目	内容
	1 開発区域に含まれる地域の名称	福岡市[黒塗り] ③
	2 開発区域の面積	７７５．２０ ㎡ ④
	3 予定建築物の用途	戸建て住宅（分譲） ⑤
	4 工事施行者住所氏名	[黒塗り] ⑥
	5 工事着手予定年月日	令和２年３月　１５日 ⑦
	6 工事完了予定年月日	令和２年４月　１５日
	7 自己の居住の用に供するもの，自己の業務の用に供するもの，その他のものの別	自己用外 ⑧
	8 法第 34 条該当号及び該当する理由	都市計画法第３４条第１２号（条例第９条第２項第５号） ⑨
	9 その他必要な事項	

※ 受付番号	年　月　日　第　号
※ 許可に付した条件	
※ 許可番号	年　月　日　第　号

備　考
1　宅地造成等規制法（昭和 36 年法律第 191 号）第 3 条第 1 項の宅地造成工事規制区域内においては，本許可を受けることにより，同法第 8 条第 1 項本文の宅地造成に関する工事の許可が不要となります。
2　工事施行者が法人である場合においては，氏名は，その法人の名称及び代表者の氏名を記載してください。
3　許可申請者の氏名（法人にあってはその代表者の氏名）の記載を自署で行う場合においては，押印を省略することができます。4　※印のある欄には記入しないでください。
5　「法第 34 条の該当号及び該当する理由」の欄は，申請に係る開発行為が市街化調整区域内において行われる場合に記載してください。
6　「その他必要な事項」の欄には，開発行為を行うことについて，農地法その他の法令による許可，認可等を要する場合には，その手続きの状況を記載してください。

【図表 39　開発行為許可通知書】

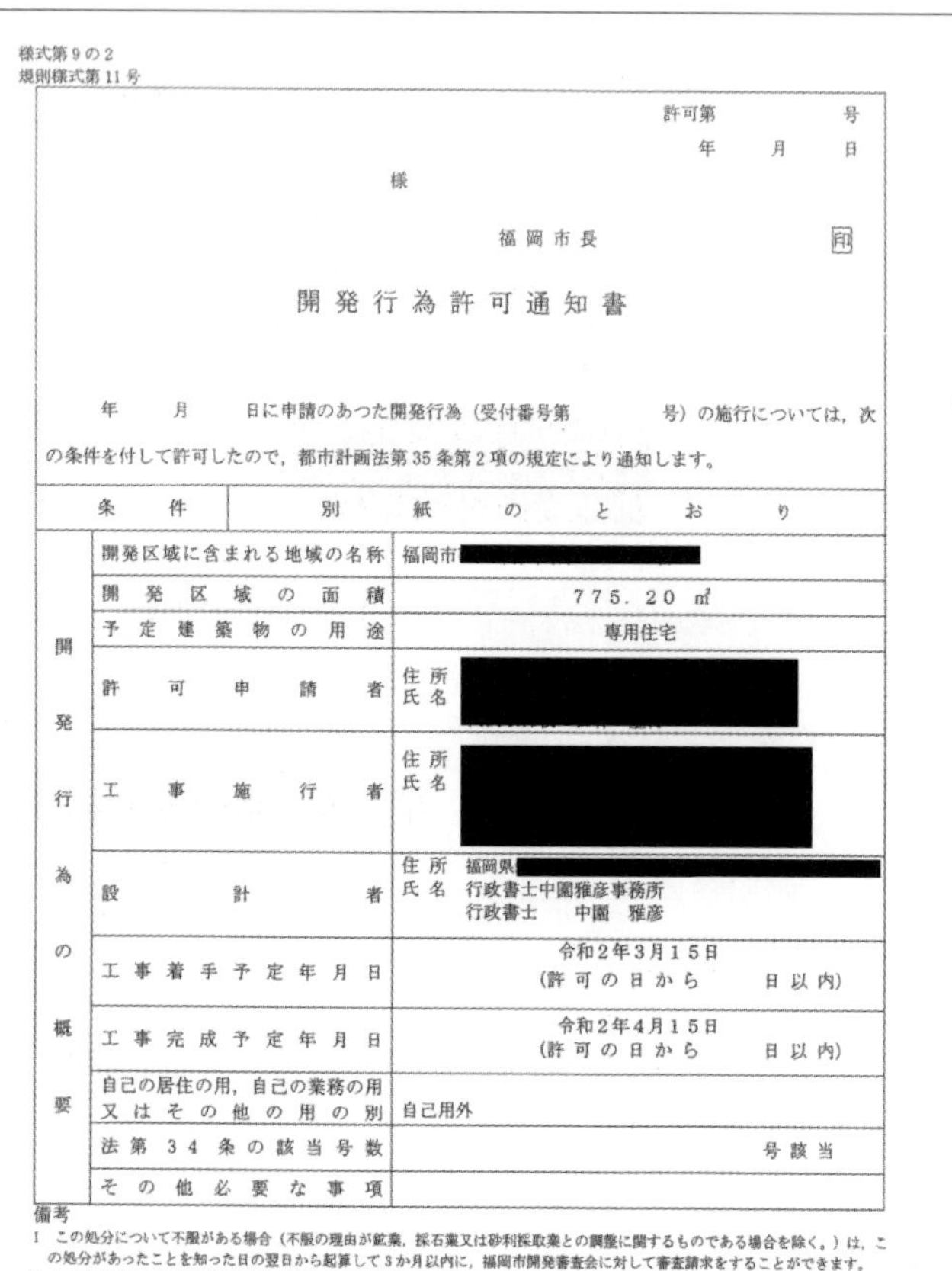

様式第９の２
規則様式第 11 号

許可第　　　　号
年　　月　　日

様

福岡市長　　　　印

開発行為許可通知書

年　　月　　日に申請のあった開発行為（受付番号第　　　　号）の施行については，次の条件を付して許可したので，都市計画法第 35 条第２項の規定により通知します。

	条件	別紙のとおり
開発行為の概要	開発区域に含まれる地域の名称	福岡市
	開発区域の面積	７７５．２０ ㎡
	予定建築物の用途	専用住宅
	許可申請者	住所 氏名
	工事施行者	住所 氏名
	設計者	住所　福岡県 氏名　行政書士中園雅彦事務所 行政書士　中園　雅彦
	工事着手予定年月日	令和２年３月１５日 （許可の日から　　日以内）
	工事完成予定年月日	令和２年４月１５日 （許可の日から　　日以内）
	自己の居住の用，自己の業務の用又はその他の用の別	自己用外
	法第３４条の該当号数	号該当
	その他必要な事項	

備考
1　この処分について不服がある場合（不服の理由が鉱業，採石業又は砂利採取業との調整に関するものである場合を除く。）は，この処分があったことを知った日の翌日から起算して３か月以内に，福岡市開発審査会に対して審査請求をすることができます。
2　この処分について不服がある場合（不服の理由が鉱業，採石業又は砂利採取業との調整に関するものである場合に限る。）は，この処分があったことを知った日の翌日から起算して３か月以内に，公害等調整委員会に対して裁定の申請をすることができます（この場合には，審査請求をすることはできません。）。
3　この処分については，上記１の審査請求のほか，この処分があったことを知った日の翌日から起算して６か月以内に，福岡市を被告として（訴訟において福岡市を代表する者は福岡市長となります。），処分の取消しの訴え（公害等調整委員会の裁定の申請をすることができる事項に関する訴えを除く。）を提起することができます。なお，上記１の審査請求をした場合には，処分の取消しの訴えは，その審査請求に対する裁決があったことを知った日の翌日から起算して６か月以内に提起することができます。
4　ただし，上記の期間が経過する前に，この処分（審査請求をした場合には，その審査請求に対する裁決）があった日の翌日から起算して１年を経過した場合は，審査請求をすることや処分の取消しの訴えを提起することができなくなります。なお，正当な理由があるときは，上記の期間やこの処分（審査請求をした場合には，その審査請求に対する裁決）があった日の翌日から起算して１年を経過した後であっても審査請求をすることや処分の取消しの訴えを提起することが認められる場合があります。
5　公害等調整委員会に裁定の申請をすることができる事項に関しては，この処分の取消しの訴えを提起することはできず，当該裁定の取消しの訴えによらなければなりません。

際に測量した面積（実測面積）を記入します。

⑤　予定建築物の用途を記入します。今回は、戸建て住宅（分譲）です。

⑥　工事施工者の住所、氏名を記入します。

⑦　工事着手と完了の予定日を記入します。

⑧　開発地は分譲予定ですので、自己用外となります。

⑨　市街化調整区域の場合、都市計画法第３４条の何号に該当するか記入します。不明な場合は開発担当の課に確認します。

開発行為許可通知書（様式９の２）（図表39）

副本の表紙につけるのはこちらの様式です。書き方は開発行為許可申請書と全く同じです。

2　申請者の法人登記事項証明書（個人は住民票）

法人登記事項証明書（図表40）

申請者の法人登記事項証明書を添付します。申請者が個人なら住民票を添付します。法人登記事項証明書は法務局で取得できます。

【図表 40　申請者の法人登記事項証明書】

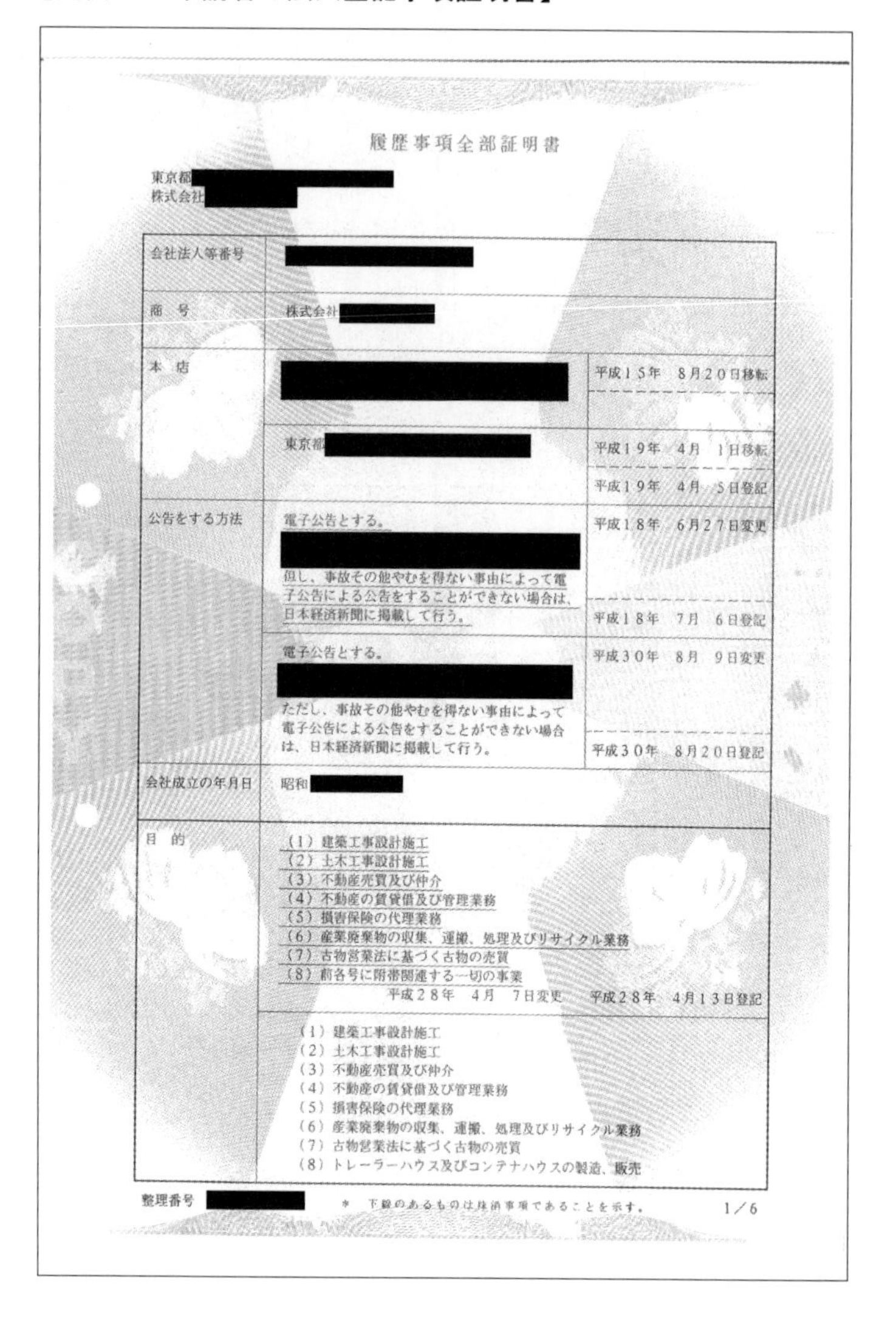

履歴事項全部証明書

東京都
株式会社

会社法人等番号		
商　号	株式会社	
本　店		平成１５年　８月２０日移転
	東京都	平成１９年　４月　１日移転 平成１９年　４月　５日登記
公告をする方法	電子公告とする。 但し、事故その他やむを得ない事由によって電子公告による公告をすることができない場合は、日本経済新聞に掲載して行う。	平成１８年　６月２７日変更 平成１８年　７月　６日登記
	電子公告とする。 ただし、事故その他やむを得ない事由によって電子公告による公告をすることができない場合は、日本経済新聞に掲載して行う。	平成３０年　８月　９日変更 平成３０年　８月２０日登記
会社成立の年月日	昭和	
目　的	（１）建築工事設計施工 （２）土木工事設計施工 （３）不動産売買及び仲介 （４）不動産の賃貸借及び管理業務 （５）損害保険の代理業務 （６）産業廃棄物の収集、運搬、処理及びリサイクル業務 （７）古物営業法に基づく古物の売買 （８）前各号に附帯関連する一切の事業 平成２８年　４月　７日変更　平成２８年　４月１３日登記	
	（１）建築工事設計施工 （２）土木工事設計施工 （３）不動産売買及び仲介 （４）不動産の賃貸借及び管理業務 （５）損害保険の代理業務 （６）産業廃棄物の収集、運搬、処理及びリサイクル業務 （７）古物営業法に基づく古物の売買 （８）トレーラーハウス及びコンテナハウスの製造、販売	

整理番号　　＊　下線のあるものは抹消事項であることを示す。　　1／6

3 資金計画書

資金計画書（様式10）（図表41）

開発計画における予定収支を記入します。今回は分譲ですので、売却して得られる予定の収入が処分収入です。用地費は、土地を取得する費用です。あとは各種工事にかかる予定の金額を記入します。

【図表41　資金計画書】

様式10
別記様式第三

資　金　計　画　書

1. 収支計画　　（単位千円）

	科目	金額
収入	処分収入	90,000
	宅地処分収入	
	補助負担金	
	自己資金	
	計	
支出	用地費	26,000
	工事費	2,000
	整地工事費	1,000
	道路工事費	
	排水施設工事費	500
	給水施設工事費	500
	附帯工事費	1,000
	事務費	300
	借入金利息	
	計	30,300

4 納税証明書

納税証明書（図表42）

管轄の税務署で納税証明書（その1）を取得します。

【図表42　納税証明書】

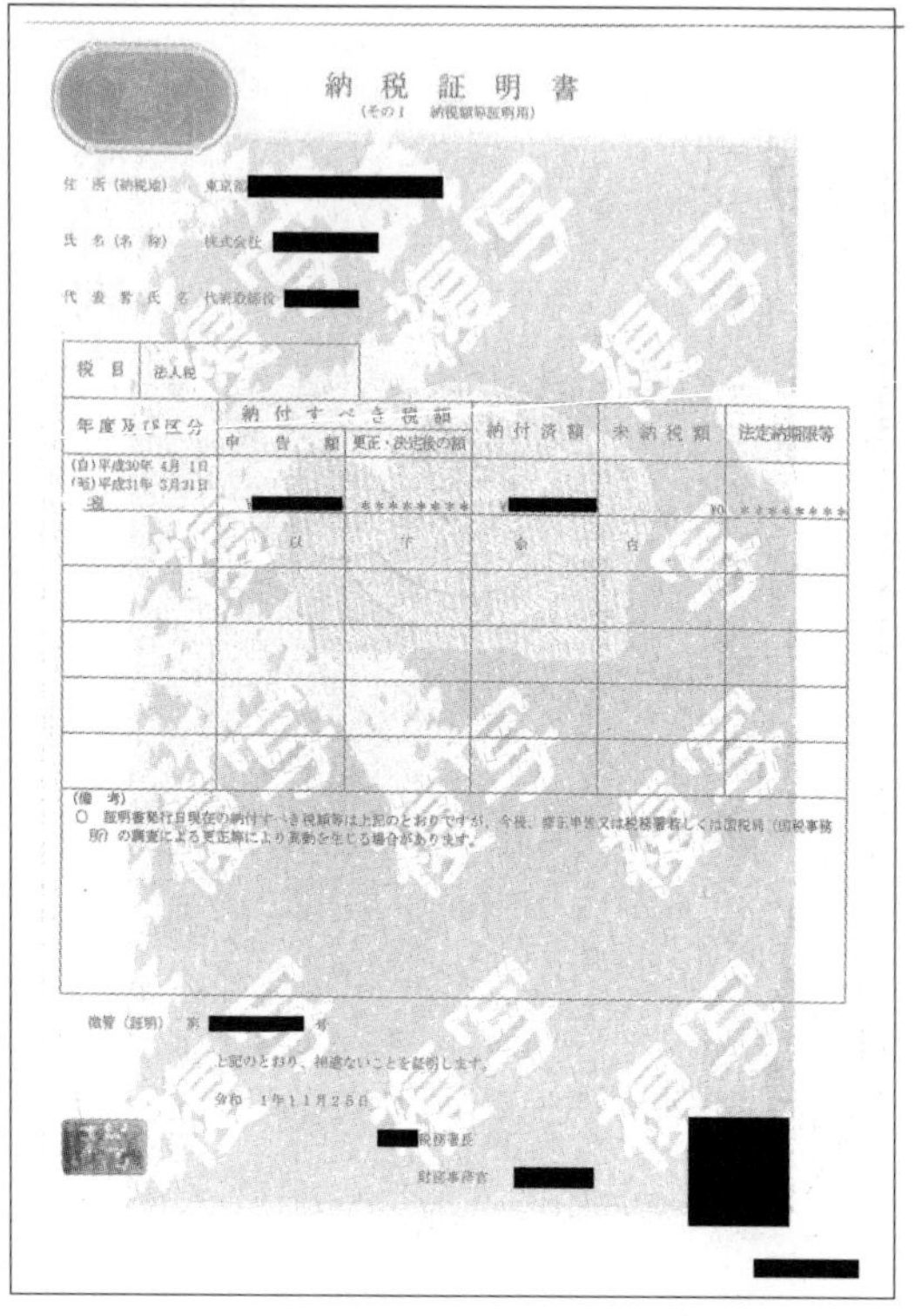

納　税　証　明　書
（その1　納税額等証明用）

住所（納税地）　東京都

氏名（名称）　株式会社

代表者氏名　代表取締役

税目	法人税

年度及び区分	納付すべき税額 申告額	更正・決定後の額	納付済額	未納税額	法定納期限等
(自)平成30年 4月 1日 (至)平成31年 3月31日 [illegible]	¥	*********	¥	円	*********
	以	下	余	白	

（備考）
○ 証明書発行日現在の納付すべき税額等は上記のとおりですが、今後、修正申告又は税務署若しくは国税局（国税事務所）の調査による更正等により異動を生じる場合があります。

徴管（証明）第　　号

上記のとおり、相違ないことを証明します。

令和 1年11月25日

税務署長

財務事務官

5　申請者の事業経歴書

申請者の事業経歴書（図表43）

申請者のこれまでの宅地造成に関する経歴書を作成して添付します。

【図表 43　申請者の事業経歴書】

事業経歴書

2016年4月～2019年3月

現場名	事業内容	所在地	事業規模(㎡)	開発許可日	造成完了
	開発造成		2279.38	2016年5月27日	2016年8月5日
	開発造成		1719.40	2016年2月26日	2016年9月9日
	開発造成		1902.34	2016年7月1日	2016年11月9日
	開発造成		2046.19	2016年8月19日	2016年12月9日
	開発造成		1425.03	2016年6月30日	2017年1月6日
	開発造成		2643.92	2016年9月30日	2017年1月15日
	開発造成		1228.57	2016年8月18日	2017年2月8日
	開発造成		1891.07	2016年12月15日	2017年2月14日
	開発造成		1265.00	2016年11月18日	2017年3月20日
	開発造成		2897.31	2016年9月15日	2017年4月28日
	開発造成		1614.07	2017年1月16日	2017年5月10日
	開発造成		3756.93	2016年7月26日	2017年6月8日
	開発造成		1043.43	2017年5月25日	2017年6月16日
	開発造成		3122.66	2017年1月12日	2017年6月25日
	開発造成		4583.00	2017年2月28日	2017年6月25日
	開発造成		1243.97	2016年6月13日	2017年8月25日
	開発造成		2938.28	2017年5月8日	2017年9月11日
	開発造成		4721.80	2016年12月9日	2017年11月4日
	開発造成		1703.80	2017年6月26日	2017年11月10日
	開発造成		1316.24	2017年9月27日	2017年12月26日
	開発造成		1900.42	2018年1月9日	2018年6月22日
	開発造成		1262.23	2018年7月13日	2018年9月14日
	開発造成		1572.71	2018年3月15日	2018年9月25日
	開発造成		2507.51	2018年5月31日	2018年12月7日
	開発造成		1894.02	2018年8月20日	2019年3月15日
	開発造成		6093.45	2018年11月16日	2019年4月12日
	開発造成		2796.38	2019年1月20日	2019年4月19日
	開発造成		2095.45	2018年11月30日	2019年5月20日
	開発造成		3702.94	2018年9月14日	2019年5月21日
	開発造成		1903.42	2019年5月15日	2019年12月20日

6　工事施工者の法人登記事項証明書（個人は住民票）

工事施工者の法人登記事項証明書（図表44）

工事施工者の法人登記事項証明書を添付します。工事施工者が個人なら住民票を添付します。法人登記事項証明書は法務局で取得できます。

【図表44　工事施工者の法人登記事項証明書】

履歴事項全部証明書

福岡県[redacted]
株式会社[redacted]

会社法人等番号	[redacted]	
商　号	株式会社[redacted]	
本　店	福岡県[redacted]	昭和５７年　４月　１日変更
	福岡県[redacted]	平成１９年１１月２７日住居表示実施 平成１９年１１月２８日登記
公告をする方法	官報に掲載する方法とする	平成２１年　７月２５日変更 平成２１年　８月１１日登記
会社成立の年月日	昭和[redacted]	
目　的	１．土木建築工事及び舗装工事の請負並びに設計施工 ２．鳶、土工、コンクリート工事 ３．石工事 ４．しゅんせつ工事 ５．水道施設工事業 ６．産業廃棄物収集運搬業 ７．国、地方公共団体、公益法人その他の企業からの依頼により対価を得て行う市場調査 ８．森林バイオマスに関するデータ収集、分析及びシステム構築コンサルタント業 ９．不動産賃貸業 １０．上記各号に附帯関連する一切の業務 平成２１年　７月２５日変更　　平成２１年　８月１１日登記	
発行可能株式総数	１６万株	
発行済株式の総数並びに種類及び数	発行済株式の総数 ６万株	
資本金の額	金３０００万円	
株式の譲渡制限に関する規定	当会社の株式を譲渡により取得するには、代表取締役の承認を受けなければならない。 平成２１年　７月２５日変更　　平成２１年　８月１１日登記	

整理番号 [redacted]　＊ 下線のあるものは抹消事項であることを示す。　1／2

7　工事施工者が建設業許可済であることを証する書類

工事施工者の建設業許可通知書の写し（図表45）

工事施工者が建設業許可済みであることを証明するため、建設業許可書の写しなどを添付します。

【図表45　工事施工者の建設業許可通知書の写し】

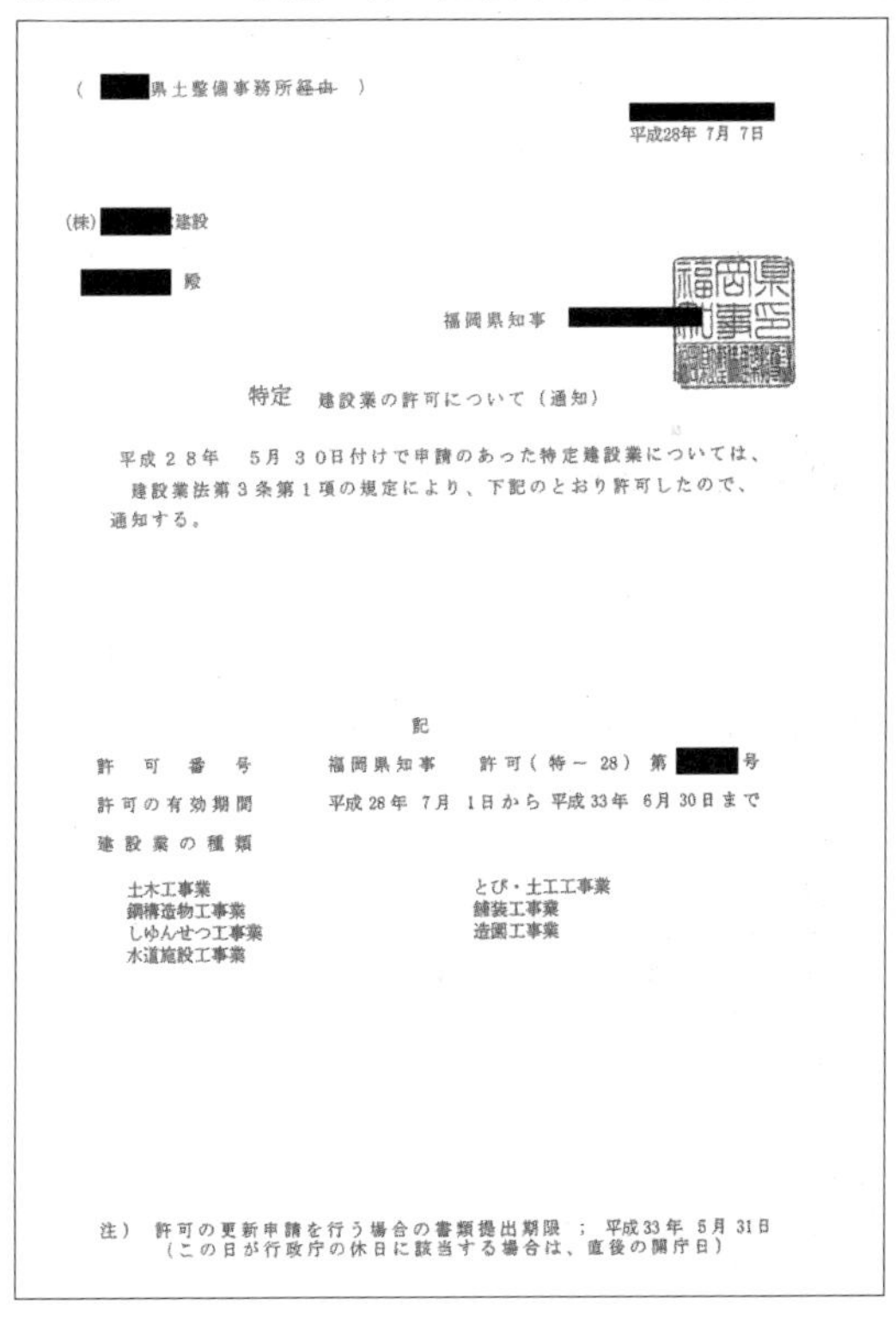

（　　県土整備事務所経由　）

平成28年 7月 7日

(株)　建設

殿

福岡県知事

特定　建設業の許可について（通知）

平成２８年　５月３０日付けで申請のあった特定建設業については、建設業法第３条第１項の規定により、下記のとおり許可したので、通知する。

記

許可番号　　福岡県知事　許可（特－28）第　号

許可の有効期間　　平成28年 7月 1日から平成33年 6月30日まで

建設業の種類

土木工事業
鋼構造物工事業
しゅんせつ工事業
水道施設工事業
とび・土工工事業
舗装工事業
造園工事業

注）許可の更新申請を行う場合の書類提出期限；平成33年 5月31日
（この日が行政庁の休日に該当する場合は、直後の開庁日）

8　工事施工者の工事経歴書

工事施工者の工事経歴書（図表46）

工事施工者のこれまでの宅地造成に関する工事の経歴書を添付します。工事施工者に作成してもらいます。

【図表46　工事施工者の工事経歴書】

様式第二号（第二条、第十九条の八関係）　　　　（用紙A4）

工　事　経　歴　書

（建設工事の種類）　土木　　工事（税込・税抜）　　No.1

注文者	元請又は下請の別	JVの別	工事名	工事現場のある都道府県及び市区町村名	配置技術者 氏名	主任技術者又は監理技術者の別（該当箇所にレ印を記載） 主任技術者	監理技術者	請負代金の額	うち、・PC・法面処理・鋼橋上部	工期 着工年月	完成又は完成予定日
								千円	千円	平成　年　月	平成　年　月
	元請			福岡県太宰府市		レ		千円	千円	平成 30年 8月	平成 30年 12月
	元請			福岡県大野城市		レ		千円	千円	平成 30年 11月	令和 1年 5月
	元請			福岡県太宰府市		レ		千円	千円	平成 30年 7月	平成 30年 11月
	元請			福岡県太宰府市		レ		千円	千円	平成 30年 12月	平成 31年 3月
	元請			長崎県長崎市		レ		千円	千円	平成 30年 10月	平成 31年 1月
	元請			福岡県太宰府市		レ		千円	千円	平成 30年 7月	平成 30年 9月
	元請			福岡県宮若市		レ		千円	千円	平成 30年 11月	平成 31年 3月
	元請			福岡県太宰府市		レ		千円	千円	平成 30年 8月	平成 31年 3月
	元請			福岡県筑紫野市		レ		千円	千円	平成 30年 10月	平成 30年 12月
	元請			福岡県鞍手郡鞍手町		レ		千円	千円	平成 30年 11月	平成 31年 2月
	元請			福岡県太宰府市		レ		千円	千円	平成 30年 10月	平成 31年 1月
	元請			福岡県大野城市		レ		千円	千円	平成 30年 7月	平成 30年 9月
						小計	12件	千円	千円	うち 元請工事 千円	千円
						合計	件	千円	千円	うち 元請工事 千円	千円

9 設計者の資格調書

設計者の資格調書（図表47）

【図表47　設計者の資格調書】

様式13
規則様式第7号

設　計　者　の　資　格　調　書

設計者	フリガナ	ナカゾノ　マサヒコ	生年月日	
	氏名	中園　雅彦		
	住所	福岡県		

	資格内容	取得年月日	登録又は合格番号
建築士法等による資格	□ 技術士（　　　部門） □ 1級建築士 ■ その他（　行政書士　）	平成２７年７月１５日	第１５４０１６２９号

最終学歴	平成１４年　３月　３１日　卒業・中退 学校名　佐賀大学　学科名　理工学部都市工学科　修業年数　2年

	勤務先	所在地	職名	在職期間（合計１２年　月）
実務経歴	事務所		職員	平成１６年１月から 平成２５年１１月まで
	行政書士中園雅彦事務所		代表	平成２７年７月から 平成２９年１０月まで
				年　月から　年　月まで
				年　月から　年　月まで

	事業主体	工事施行者	施行場所	面積	許認可番号・年月日
設計経歴	株式会社			1150.67 ㎡	
	株式会社			5,936.39 ㎡	
	株式会社	株式会社		775.20 ㎡	

都市計画法施行規則第19条の該当資格	□ 1号 □ 2号	イ，ロ，ハ，ニ， ホ，ヘ，ト

注意事項
1　「最終学歴」の欄には，設計資格に関係ある学歴を記入してください。
2　「実務経歴」の欄及び「設計経歴」の欄には，宅地開発に関する経歴のみを記入してください。

設計者の住所・氏名・生年月日、資格、最終学歴、実務経歴、設計経歴などを記入します。

10 設計説明書

32条協議のときに作成したものと同じものを添付します（前掲図表23、24）。

11　開発行為に関する同意の一覧表

開発行為に関する同意の一覧表の書き方（図表48）

【図表48　開発行為に関する同意の一覧表】

様式15の1

（表）

開発行為に関する同意の一覧表

（あて先）福岡市長

①

申請者　住所 [illegible]

氏名 [illegible]

（本人による署名の場合，押印の必要はありません。）

都市計画法第32条の規定に基づき下記のとおり同意を得ました。

1.　公共施設の管理者

種類	②管理者	③同意年月日	④摘要
給水施設（上水道）	福岡市水道事業管理者	令和2年1月30日	水東部第[illegible]号
排水施設（下水道）	福岡市長	令和2年3月9日	道計調第[illegible]号
消防水利施設	福岡市[illegible]	令和2年1月31日	消警第[illegible]号
道路	~~道路課~~ 福岡市[illegible]	令和2年3月9日	道計調第[illegible]号
水路		年　月　日	
埋蔵文化財	福岡市教育委員会教育長	令和2年1月6日	経理第[illegible]号
		年　月　日	
		年　月　日	
		年　月　日	
※教育施設		年　月　日	
※電気施設		年　月　日	
※ガス施設		年　月　日	
※輸送施設		年　月　日	

注　※印の施設の同意は，20ha未満の開発の場合は不要です。

①　申請者は開発申請者の住所・氏名を記入します。

②　各公共施設の管理者を記入します。

③　同意年月日は、各32条同意書の日付を転記します。

④　適用は、各32条同意書の日付の上の番号を転記します。

12　公共施設の管理者の同意等を得たことを証する書面

すべての32条同意書を添付

今回のケースでは、次の32条同意書の原本を添付します。

①　水道局（前掲図表27）
②　道路・下水道（前掲図表28）
③　消防（前掲図表34）
④　埋蔵文化財（前掲図表36）

13　新たに設置される（従前の）公共施設一覧表

新たに設置される（従前の）公共施設一覧表

32条協議のときに作成したものから変更がなければ、同じものを添付します（前掲図表25、26）。

特に、新たに設置される公共施設一覧表については、32条協議を進めていく中で、当初予定していたものを修正することや、後から追加の公共施設を設置することになる場合も多いですので注意してください。

14　権利者の施行同意書および印鑑証明書

権利者の施行同意書（図表49）

【図表49　権利者の施行同意書】

様式16

権利者の施行同意書

許可申請者　株式会社　　　の施行に係る開発行為について，異議がないので同意します。

所在地	地目又は工作物の種類	地積又は工作物の規模用途等	権利の種別	同意年月日	同意者の住所及び氏名	印	摘要
福岡市	畑	779㎡	所有権	令和元年12月9日			

【図表50　権利者の印鑑証明書】

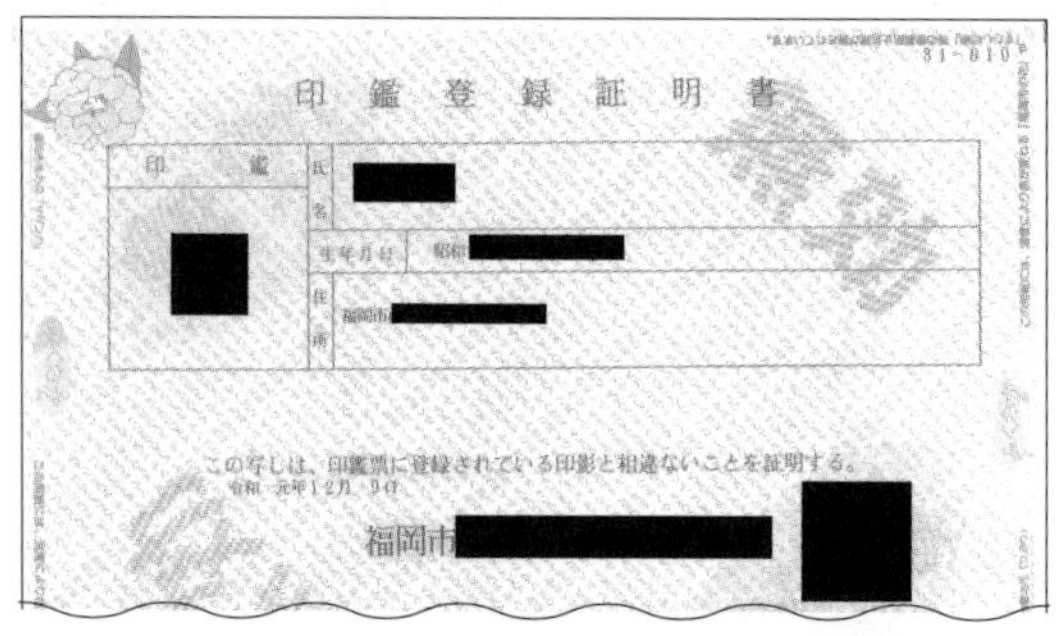

印鑑登録証明書

印鑑	氏名	
	生年月日	昭和
	住所	福岡市

この写しは、印鑑票に登録されている印影と相違ないことを証明する。
令和 元年12月 9日

福岡市

開発する場所の土地の所有者などからの施行同意です。同意者の実印と印鑑証明書が必要です。所有権以外にも、賃借権、地上権、抵当権者などがいた場合は、同意書が必要です。

権利者の印鑑証明書（図表50）

同意者の印鑑証明書です。施行同意書に押してある印鑑の印影と同じであることを確認してください。

15　土地の登記事項証明書・公図（字図）

土地の登記事項証明書（図表51）

【図表51　土地の登記事項証明書】

福岡県福岡市　　　　　　全部事項証明書　　　　　　（土地）

表題部（土地の表示）		調製	平成１０年１月２２日	不動産番号	
地図番号	余白	筆界特定	余白		
所在	福岡市			余白	

①地番	②地目	③地積 ㎡	原因及びその日付〔登記の日付〕
２４５７番	田	８２２	余白
２４５７番１	畑	７４６	①③２４５７番１、２４５７番３に分筆 ②昭和５２年７月２０日変更 〔昭和５４年３月７日 昭和５２年１１月２日〕
余白	余白	７７９	③２４５７番２を合筆 〔昭和５２年１１月２日〕
余白	余白	余白	昭和６３年法務省令第３７号附則第２条第２項の規定により移記 平成１０年１月２２日

権利部（甲区）（所有権に関する事項）			
順位番号	登記の目的	受付年月日・受付番号	権利者その他の事項
１	所有権移転	昭和５３年３月２６日 第　　号	原因　昭和５４年１１月７日相続 所有者　福岡市 順位３番の登記を移記
	余白	余白	昭和６３年法務省令第３７号附則第２条第２項の規定により移記 平成１０年１月２２日
２	所有権移転	平成２６年３月２８日 第　　号	原因　平成２５年１１月６日相続 所有者　福岡市

これは登記記録に記録されている事項の全部を証明した書面である。ただし、登記記録の乙区に記録されている事項はない。

（福岡　　　管轄）
令和２年３月３日
福岡法務局　　　　登記官

＊　下線のあるものは抹消事項であることを示す。　　整理番号　　（　１／１　）　１／１

開発する場所の土地の登記事項証明書を添付します。法務局で取得できます。

公図（字図）（前掲図表18）

法務局で開発する場所の公図を取得し、開発区域の境界を赤で囲います。道路を茶色に、水路を水色に着色し、開発区域と隣接地の所有者、地目を記入します。

16 各種図面

これまでの図面を添付

これまでに作成した図面を添付します。

関係する課と32条協議をしていく中で図面の修正などがあった場合は、その内容を反映した図面、つまり最新の図面を添付します。

① 開発区域位置図（前掲図表10）
② 現況図（今回は求積図も兼ねています）（前掲図表12）
③ 土地利用計画図（今回は給排水施設計画平面図も兼ねています）（前掲図表13）
④ 造成計画平面図（前掲図表14）
⑤ 造成計画断面図（前掲図表15）

特に、①の位置図や②の現況図を変更することはあまりありませんが、③土地利用計画図、④造成計画平面図、⑤造成計画断面図については、32条協議の中で修正や変更があることがほとんどです。事前協議の段階で提出していた図面を叩き台にして、32条協議で各課からの要望を取り入れ、こちら側の希望とすり合わせをしながら図面の修正・変更を重ねて、ブラッシュアップしていくイメージです。

第6章　開発許可後の手続

1　開発行為許可通知書の受領

開発行為許可通知書（図表52）、備考（図表53）、許可条件（図表54）

開発行為許可申請書類を提出して、約30日後に開発行為許可通知書が発行されます。30日は、標準処理期間ですので、審査の状況で多少前後することがあります。

無事許可になれば開発担当の課より連絡がありますので、許可申請時に受領した受付証と引換えに、開発行為許可通知書を受け取ります。

備考は、この許可処分に不服がある場合に、どのように訴えたらよいかが書いてあります。

許可条件は、工事をする際、また工事が終わった後の一般的な注意事項です。

後述する開発行為許可標識を現地の見やすい場所に設置することや、がけが崩れたりしないよう、また、土砂や水などが道路に流出して周りに迷惑をかけないように安全に工事をしてくださいという内容です。さらに、工事管理者を常駐させることとありますが、これは現場監督のことです。

こちらも後述しますが、工事をしている途中の写真を準備することや、擁壁を設置する際は、設置する部分の地盤が十分に強いかどうか、地耐力調査などで確認してから設置することなどと書いてあります。当たり前のことも記載されていますが、後々トラブルにならないように、工事施工業者に確実に伝えておきましょう。

【図表 52　開発行為許可通知書】

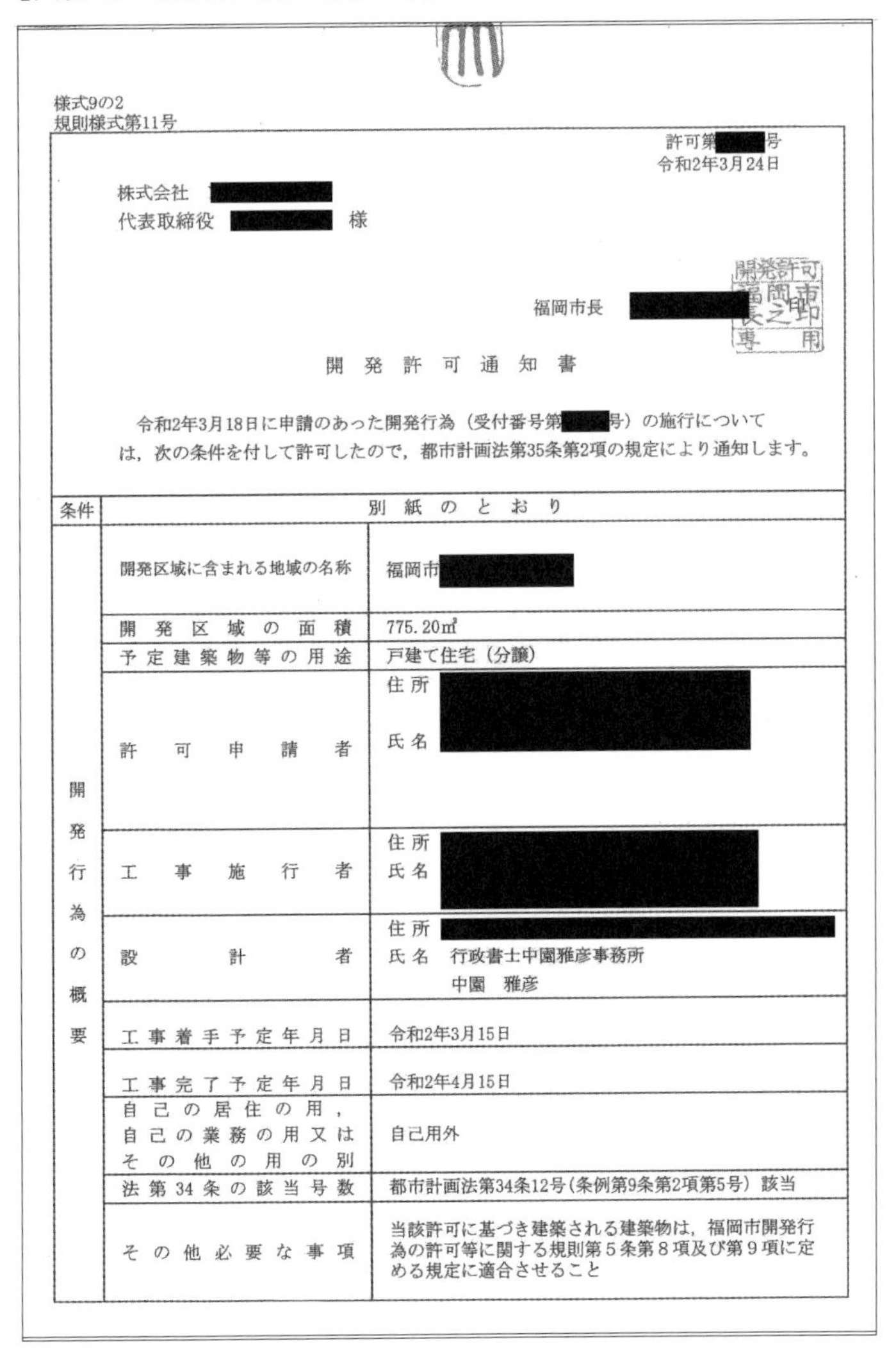

様式9の2
規則様式第11号

許可第[redacted]号
令和2年3月24日

株式会社 [redacted]
代表取締役 [redacted] 様

福岡市長 [redacted]

開発許可福岡市長之印 専用

開　発　許　可　通　知　書

令和2年3月18日に申請のあった開発行為（受付番号第[redacted]号）の施行については，次の条件を付して許可したので，都市計画法第35条第2項の規定により通知します。

条件	別紙のとおり	
開発行為の概要	開発区域に含まれる地域の名称	福岡市[redacted]
	開発区域の面積	775.20㎡
	予定建築物等の用途	戸建て住宅（分譲）
	許可申請者	住所 [redacted] 氏名 [redacted]
	工事施行者	住所 [redacted] 氏名 [redacted]
	設計者	住所 [redacted] 氏名 行政書士中園雅彦事務所 中園　雅彦
	工事着手予定年月日	令和2年3月15日
	工事完了予定年月日	令和2年4月15日
	自己の居住の用，自己の業務の用又はその他の用の別	自己用外
	法第34条の該当号数	都市計画法第34条12号（条例第9条第2項第5号）該当
	その他必要な事項	当該許可に基づき建築される建築物は，福岡市開発行為の許可等に関する規則第５条第８項及び第９項に定める規定に適合させること

【図表 53　開発行為許可通知書・備考】

備　考

1　この処分について不服がある場合（不服の理由が鉱業，採石業又は砂利採取業との調整に関するものである場合を除く。）は，この処分があったことを知った日の翌日から起算して3か月以内に，福岡市開発審査会に対して審査請求をすることができます。

2　この処分について不服がある場合（不服の理由が鉱業，採石業又は砂利採取業との調整に関するものである場合に限る。）は，この処分があったことを知った日の翌日から起算して3か月以内に，公害等調整委員会に対して裁定の申請をすることができます（この場合には，審査請求をすることはできません。）。

3　この処分については，上記1の審査請求のほか，この処分があったことを知った日の翌日から起算して6か月以内に，福岡市を被告として（訴訟において福岡市を代表する者は福岡市長となります。），処分の取消しの訴え（公害等調整委員会の裁定の申請をすることができる事項に関する訴えを除く。）を提起することができます。

なお，上記1の審査請求をした場合には，処分の取消しの訴えは，その審査請求に対する裁決があったことを知った日の翌日から起算して6か月以内に提起することができます。

4　ただし，上記の期間が経過する前に，この処分（審査請求をした場合には，その審査請求に対する裁決）があった日の翌日から起算して1年を経過した場合は，審査請求をすることや処分の取消しの訴えを提起することができなくなります。なお，正当な理由があるときは，上記の期間やこの処分（審査請求をした場合には，その審査請求に対する裁決）があった日の翌日から起算して1年を経過した後であっても審査請求をすることや処分の取消しの訴えを提起することが認められる場合があります。

5　公害等調整委員会に裁定の申請をすることができる事項に関しては，この処分の取消しの訴えを提起することはできず，当該裁定の取消しの訴えによらなければなりません。

【図表54　開発行為許可通知書・許可条件】

許 可 条 件

1. 工事施工中は、開発行為許可標識を開発区域内の見やすい場所に設置すること。

2. 工事施工中は、がけ面の崩壊、土砂の流出、流水の防止に万全の処置を講ずること。

3. 工事施工中は、雨水をすみやかに排除する仮排水処理施設を設け、必要な期間その機能を失わないよう維持管理すること。

4. 工事施工中は、気象情報などに十分注意し、緊急事態が発生した時、又はその恐れがある時は、すみやかに必要な措置を講じ、福岡市長に報告すること。

5. 申請者及び工事施行者は、工事を廃止し又は停止した時はすみやかに損なわれた公共施設の機能を回復し、土地の形質の変更等によって土砂崩れ、出水等により開発区域及び他に被害を及ぼさないよう適切な措置を講ずること。

6. 許可条件に違反した場合及び都市計画並びにこれに基づく命令の規定に違反した場合、若しくは不正な手段で許可を受けたことが判明した場合、又は許可の条件を欠くに至った場合においては、市長の指示する必要な措置をすみやかに講ずること。

7. 工事施工中は、工事管理者を現場に常駐させ、十分監督させること。

8. 工事完了届出書を提出する場合は、施工状況を明らかにした写真を併せて提出すること。特に工事完成後見えない部分は、必ず撮影すること。

9. 新しく設置する公共施設の引継書は、工事完成時に必ず各公共施設の管理者に提出すること。特に登記を伴う場合は必要な書類を揃えること。

10. 切土や盛土については、地盤の緩みや滑動を生じないよう周囲地盤の状況を十分に把握しながら入念に施工すること。特に盛土については抜根や段切りを確実に行うとともに地盤沈下を起こさないよう段階的に施工すること。

11. 施工区域内に湧水や外部からの流水がある場合には、適切に排水する施設の措置を講ずること。

12. 擁壁等の構造物は、基礎地盤が支持力等の設計条件を満足しているかを確認のあと施工すること。設計条件を満たさない場合は、地盤改良や杭打ち等の必要な措置を講ずること。また、盛土部を基礎地盤とする場合は、圧密沈下や流動を防止するため盛土材料の選択及び転圧方法など施工計画について十分検討し、地盤沈下のないように施工すること。

13. 上記９．１０．１１．１２については必要に応じて関係部局と協議、あるいは報告できるよう資料の作成に努めること。

福 岡 市

2　その他の法令による許可

農地法の許可

開発行為許可申請とよくセットで登場するのが農地法の許可です。開発する場所が農地の場合は、農地法の許可済みであることも確認してから工事に着手しましょう。

道路法24条許可申請

こちらもよくセットで登場します。開発する場所にもともと接する道路の歩道部分を、車の乗り入れのためにつくり替えたりする際の工事を歩道の切下げといいます。

歩道の切下げ等が発生する場合、歩道の切下げ工事は、道路を管理している建設課などに道路法第24条許可申請をして、承認を得てから工事することになります。

歩道用の舗装は厚みが薄く、車道用は厚いので、車が進入する場所は、車道用の厚い舗装につくり変える必要があります。また、道路にはもともとガードレールや、転落防止用の柵などがあり、車の乗入れのためにそれらを撤去する場合もあります。さらに、道路側溝についても、車の乗入部分は頻繁に車が通行することになりますので、車が横断しても壊れないような通常よりも頑丈な道路側溝に変える必要が出てきます。

第7章　工事着手から工事完了まで

1　開発行為許可標識の設置

開発行為許可標識とは

開発行為許可標識とは、開発許可の概要を書いた看板のことです。現地に開発行為許可標識を立ててから造成工事に取りかかることになります。

開発行為許可標識はどうやって準備する？

近くの看板屋さんに制作・設置までお願いするか、インターネットで検索すると全国対応で制作・販売している会社などもあります。

開発許可関係の各種標識は、建築士事務所協会でも購入できる場合があります。看板購入後、手書きだと見た目が悪いので、ラベルシールで内容を書いて貼り付けます。テプラだと36ミリ幅のテープが丁度よいです。

現地には、既に開発行為予定標識が設置されていますので、開発行為予定標識を外して開発行為許可標識と入れ替えればよいです。

開発行為許可標識を設置した後は、近景と遠景で開発行為許可標識の写真を撮ることを忘れずにしましょう。

開発行為許可標識（様式18の１）の書き方（図表55）

開発行為許可標識の書き方は、次のとおりです。

①　開発の許可番号と許可年月日を記入します。開発行為許可通知書の右上に記載されていますので転記します。

②　開発工事の予定工期を記入します。

③　開発する場所の所在を記入します。登記事項証明書の所在どおりに記載し、土地の地番が複数になる場合も、「他何筆」と省略せずにすべての地番を記入します。

④　開発区域の面積を記入します。登記簿の面積と実際に測量した面積が違う場合は、実際に測量した面積（実測面積）を記入します。

⑤　工事の名称及び目的は、工事の名称があれば名称を記入します。
工事の名称とは、「○○地区開発造成工事」などです。

今回のケースにおいては、開発工事の目的である「戸建て住宅（分譲）」と記入することにしました。

⑥　許可を受けた者は、開発許可を受けた申請者の住所、氏名を記入します。

⑦　工事施工者の住所、氏名、電話番号を記入します。

⑧　設計者の氏名を記入します。

⑨　工事現場管理者の氏名を記入します。工事施工者に確認しましょう。

【図表55　開発行為許可標識】

様式18の1
細則様式第13号

90センチメートル（横）／90センチメートル（縦）

開　発　行　為　許　可　標　識	
① 福岡市許可番号 第　　　号 許可年月日　　年　月　日	
予　定　工　期	② 年　月　日 から 年　月　日 まで
開発区域に含まれる地域の名称	③ 福岡市　　区
開発区域の面積	④
工事の名称及び目的	⑤
許可を受けた者	⑥ 住所 氏名
工　事　施　工　者	⑦ 住所 氏名 電話番号
設　計　者	⑧ 氏名
工事現場管理者	⑨ 氏名

注意事項
1 この標識は、白地に黒書きとし、見やすいものとすること。
2 この標識は、風雨等のため容易に破損し、又は倒壊しない材料及び構造により作成するとともに、文字が雨等により不鮮明にならない塗料等を使用すること。
3 この標識は、下端と地面の間が80センチメートルとなるように設置すること。

2　工事工程写真の準備

造成工事着手前にやること

工事完了時に工事工程写真を提出しなければなりませんので、その準備を工事施工業者に依頼しておく必要があります。

工事工程写真とは、工事の途中の状況の写真です。

工事工程写真を提出する意味

工事工程写真を提出するのは、開発工事が設計図面どおりに行われているか確認するためのものです。

開発工事は、擁壁の基礎の部分や、鉄筋の配筋状況、道路の舗装状況、下水道工事など、完成してしまったら、地中に埋まってしまっていて見ることができないものがほとんどです。工事工程写真は、工事の途中でしか撮影できないものですので、工事着手前に工事施工業者に確実に伝えておく必要があります。

工事が完了してしまって、工事工程写真がないということになると、一部分を壊して確認したり、最悪工事のやり直しもあり得ますので、工事施工業者には重々説明しておいてください。

どのような写真を準備すればよいか

次に、開発の手引きより抜粋した工事工程写真の撮り方を記載します。

工事完了検査に備え、次の各種工事工程について写真記録を行います。次の例示に記載がない部分においても、施工後埋戻し等により確認できない部分については、施工状況がわかるように適切に撮影を行うことが大切です。

特に、構造に影響が大きい施設（橋梁、ボックスカルバートなど）は、詳細に施工状況の撮影を行うことが必要です。

(1) 擁壁工事

擁壁の種類・形状ごとに整理すること。

① 掘削の完了：掘削幅、基礎砕石の状況（幅・厚み）、捨てコンクリートの状況（幅・厚み）

② 基礎配筋の完了：上端筋、下端筋それぞれの鉄筋径、ピッチ

③ 壁配筋の完了：全面筋、背面筋それぞれの鉄筋径、ピッチ

④ 各コンクリート打設の完了：基礎、底盤、竪壁などそれぞれの部位の幅・厚み等

⑤ 練積み造擁壁を下端から2分の1の高さまで築造完了：裏込め砕石等の状況（下端等の厚み）、止水コンクリートの状況（幅・厚み）、透水マットの設置

⑥ 練積み造擁壁築造完了：裏込め砕石等の状況（上端等の厚み）、擁壁上端幅、擁壁の高さ・勾配

⑦ 擁壁背面の埋め戻し状況：一層ごとの厚さ、締固めごとの転圧状況、止水コンクリートの状況（幅・厚み）、透水マットの設置、水抜き穴・パイプの状況（口径）

(2) 盛土工事

① 集水施設の完了：管径や暗渠寸法、砕石等の厚み
② 急傾斜面の段切りの完了：段切り幅
③ 軟弱な地盤改良等の工事の完了：地盤改良の施工中の状況についても撮影すること

(3) 下水道工事

① 掘削の完了：掘削幅、基礎砕石（幅・厚み）、基礎コンクリート（幅・厚み）の状況・完了
② 軟弱な地盤における下水道施設の基礎工事の完了：地盤改良の施工状況・完了
③ 主要な管渠の敷設の完了：管渠敷設、埋戻しの状況・完了

(4) 道路工事

① 側溝敷設の完了：側溝敷設、雨水取付管口処理、埋戻しの状況・完了
② 道路構造物設置の完了：掘削幅、基礎砕石（幅・厚み）、基礎コンクリート（幅・厚み）の状況・完了
③ 舗装工事の完了：表層～下層路盤までの各層（厚み）、乳剤散布の状況・完了

(5) 流域貯留施設工事

① 掘削の完了：掘削幅、基礎砕石（幅・厚み）、基礎コンクリート（幅・厚み）の状況・完了

② 底版の配筋の完了：鉄筋径、ピッチ
③ 床版の配筋の完了：鉄筋径、ピッチ
④ オリフィスの施工完了：オリフィスの寸法、設置高

(6) その他

前述の各工事の着手前の状況、その他市長が必要と認める工程

3 造成工事着手・工事着手届出書の提出

現地に開発行為許可標識を設置して、造成工事に着手したら、工事着手届出書を開発担当の課に提出します。

工事着手届出に必要な書類

工事着手届出に必要な書類は、次のとおりです。

① 工事着手届出書（図表56）
② 設置後の開発行為許可標識を撮影した写真（遠景、近景）（図表57）

工事着手届出書の書き方（**様式21**）（**図表56**）

① 日付は、今は記入しません。開発担当の課に提出するときに記入します。

【図表56　工事着手届出書】

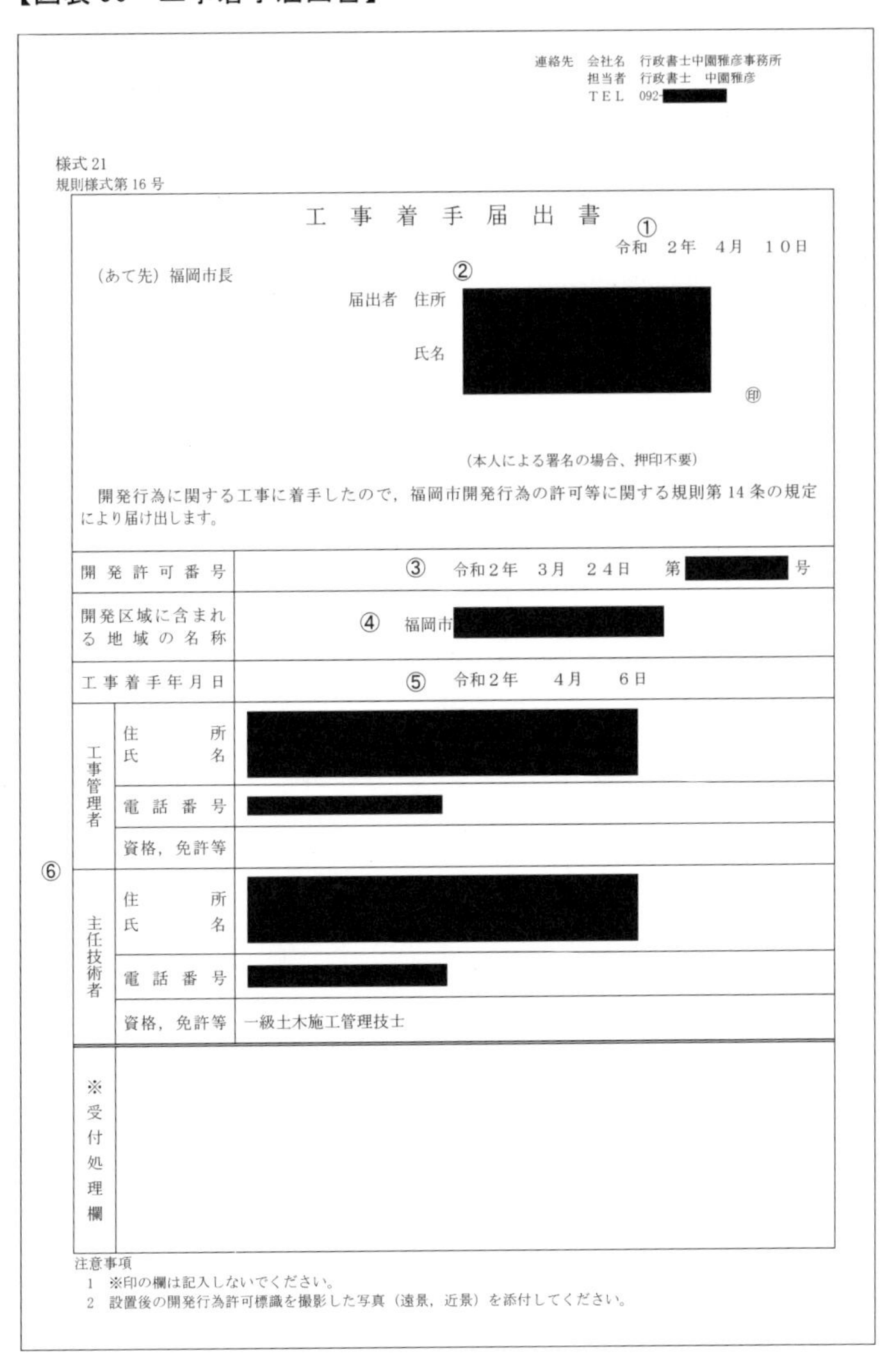

連絡先　会社名　行政書士中園雅彦事務所
担当者　行政書士　中園雅彦
ＴＥＬ　092-

様式21
規則様式第16号

工　事　着　手　届　出　書

①
令和　2年　4月　10日

（あて先）福岡市長

②
届出者　住所

氏名

㊞

（本人による署名の場合、押印不要）

開発行為に関する工事に着手したので，福岡市開発行為の許可等に関する規則第14条の規定により届け出します。

開発許可番号		③　令和2年　3月　24日　第　　号
開発区域に含まれる地域の名称		④　福岡市
工事着手年月日		⑤　令和2年　4月　6日
工事管理者	住所 氏名	
	電話番号	
	資格，免許等	
主任技術者	住所 氏名	
	電話番号	
	資格，免許等	一級土木施工管理技士
※受付処理欄		

⑥

注意事項
1　※印の欄は記入しないでください。
2　設置後の開発行為許可標識を撮影した写真（遠景，近景）を添付してください。

② 届出者は開発申請者の住所・氏名を記入します。

③ 開発許可番号は、開発許可通知書の右上に記載されている日付と番号を転記します。

④ 開発する場所の所在を記入します。登記事項証明書の所在どおりに記載し、土地の地番が複数になる場合も、「他何筆」と省略せずにすべての地番を記入します。

⑤ 工事着手した年月日を造成工事業者に聞いて記入します。

⑥ 工事管理者と主任技術者の住所・氏名・電話番号・資格や免許を記入します。工事施工業者に確認しましょう。

設置後の開発行為許可標識を撮影した写真（遠景、近景）（図表57）

【図表57　開発行為許可標識（写真）】

開発行為許可標識を遠景と近景で撮影した写真を1枚ずつ、エクセルなどに貼り付けて印刷したものでよいです。

近景は、開発行為許可標識の内容が確認できるように写真を撮りましょう。

造成工事期間中にやること

造成工事期間中は、時々現地の状況を確認

して、図面どおりに工事が進んでいるか確認をしておくとよいです。工事施工業者から現地に呼ばれ、図面どおりに施工しようとすると現地ではどうしても難しいので、工事の施工方法を変更したいと相談されることもあります。

変更の度合いにもよりますが、開発行為変更届出や開発行為変更許可申請をしなければならない場合もありますので、途中で変更する必要が生じた場合は、その都度、開発担当の課や道路担当の課など関係する課に確認を取ります。

また、工事がある程度進んで、コンクリートブロックや道路側溝などの構造物が設置されたら、土地家屋調査士に依頼して、分筆登記を済ませておきます。

4　造成工事完了・工事完了届出書の提出

工事完了届出に必要な書類

造成工事が完了したら、工事完了届出書に必要事項を記入して、開発担当の課に提出します。

工事完了届出に必要な書類は、次のとおりです。

①　工事完了届出書（様式22）（図表58）
②　位置図（前掲図表10）
③　公図（原則として分筆、合筆登記済み）（図表59）

④　竣工図（図表60）
⑤　工事写真（着手前・完了写真、工事工程写真、境界標の写真）
公図の分筆、合筆登記済みとは、複数の土地を1つに合成したり、もともと1つだった土地をいくつかに分割したりする登記を完了させた状態の公図を添付するということです。

今回の3区画分譲のケースでは、土地を3つに分割しています。土地の境界や分割したポイントには、境界プレートのような境界標を土地家屋調査士が設置していますので、その写真も添付します。

竣工図は、完成図面のことです。土地利用計画図のとおりに施工されていれば、土地利用計画図がそのまま竣工図になります。

工事完了届出書の書き方（様式22）（図表58）

①　日付は、今は記入しません。開発担当の課に提出するときに記入します。
②　届出者は開発申請者の住所・氏名を記入します。
③　開発許可番号は、開発許可通知書の右上に記載されている日付と番号を転記します。
④　工事完了した年月日を工事施工業者に聞いて記入します。
⑤　開発する場所の所在を記入します。登記事項証明書の所在どおりに記載し、土地の地番が複数になる場合も、「他何筆」と省略せずにすべての地番を記入します。

【図表 58　工事完了届出書】

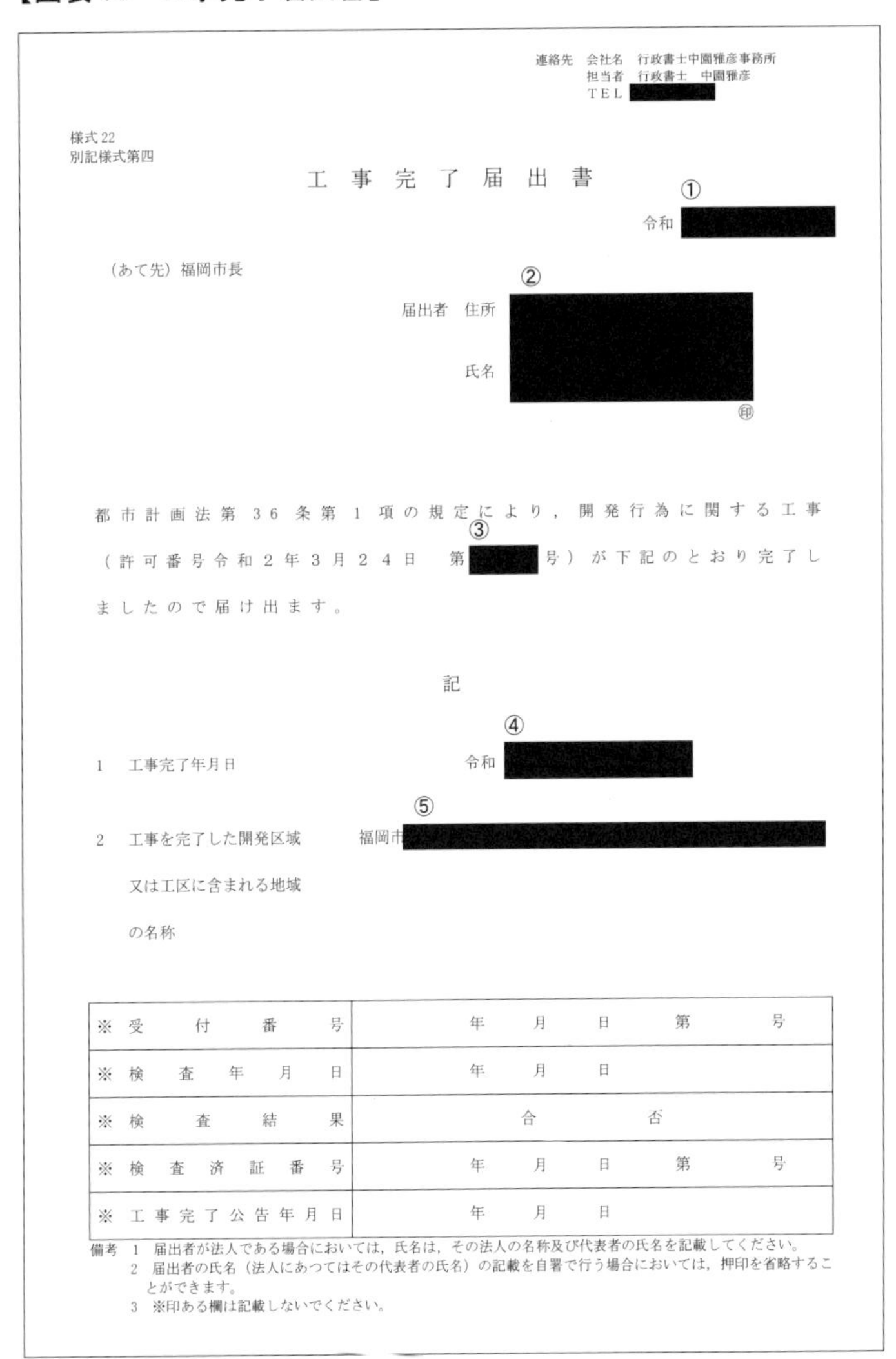

連絡先　会社名　行政書士中園雅彦事務所
担当者　行政書士　中園雅彦
TEL [redacted]

様式22
別記様式第四

工　事　完　了　届　出　書

①
令和 [redacted]

（あて先）福岡市長

②
届出者　住所 [redacted]
氏名 [redacted]
㊞

都市計画法第36条第1項の規定により，開発行為に関する工事（許可番号令和2年3月24日　第③[redacted]号）が下記のとおり完了しましたので届け出ます。

記

1　工事完了年月日　　④令和 [redacted]

2　工事を完了した開発区域又は工区に含まれる地域の名称　　⑤福岡市 [redacted]

※受付番号	年　月　日　第　号
※検査年月日	年　月　日
※検査結果	合　否
※検査済証番号	年　月　日　第　号
※工事完了公告年月日	年　月　日

備考　1　届出者が法人である場合においては，氏名は，その法人の名称及び代表者の氏名を記載してください。
2　届出者の氏名（法人にあつてはその代表者の氏名）の記載を自署で行う場合においては，押印を省略することができます。
3　※印ある欄は記載しないでください。

【図表59　公図】

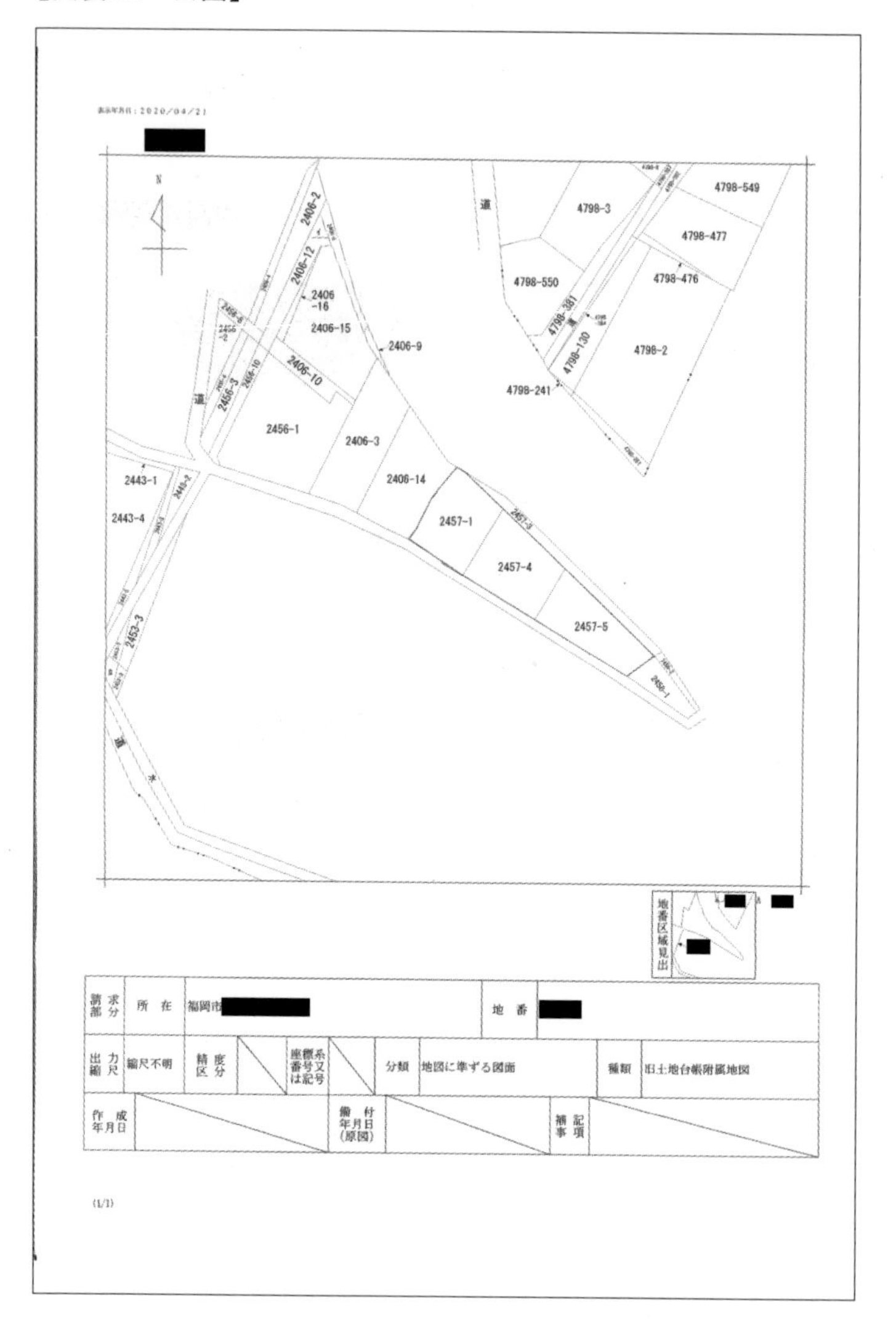
表示年月日：2020/04/21
N
道
2406-2
2406-12
2406
-16
2406-15
2406-9
2406-10
2456-3
2456-1
2406-3
2406-14
2443-1
2443-4
2457-1
2457-3
2457-4
2457-5
2453-3
4798-3
4798-549
4798-477
4798-476
4798-550
4798-381
4798-130
4798-2
4798-241
地番区域見出
請求部分
所在
福岡市
地番
出力縮尺
縮尺不明
精度区分
座標系番号又は記号
分類
地図に準ずる図面
種類
旧土地台帳附属地図
作成年月日
備付年月日（原図）
補記事項
(1/1)

【図表 60　竣工図】

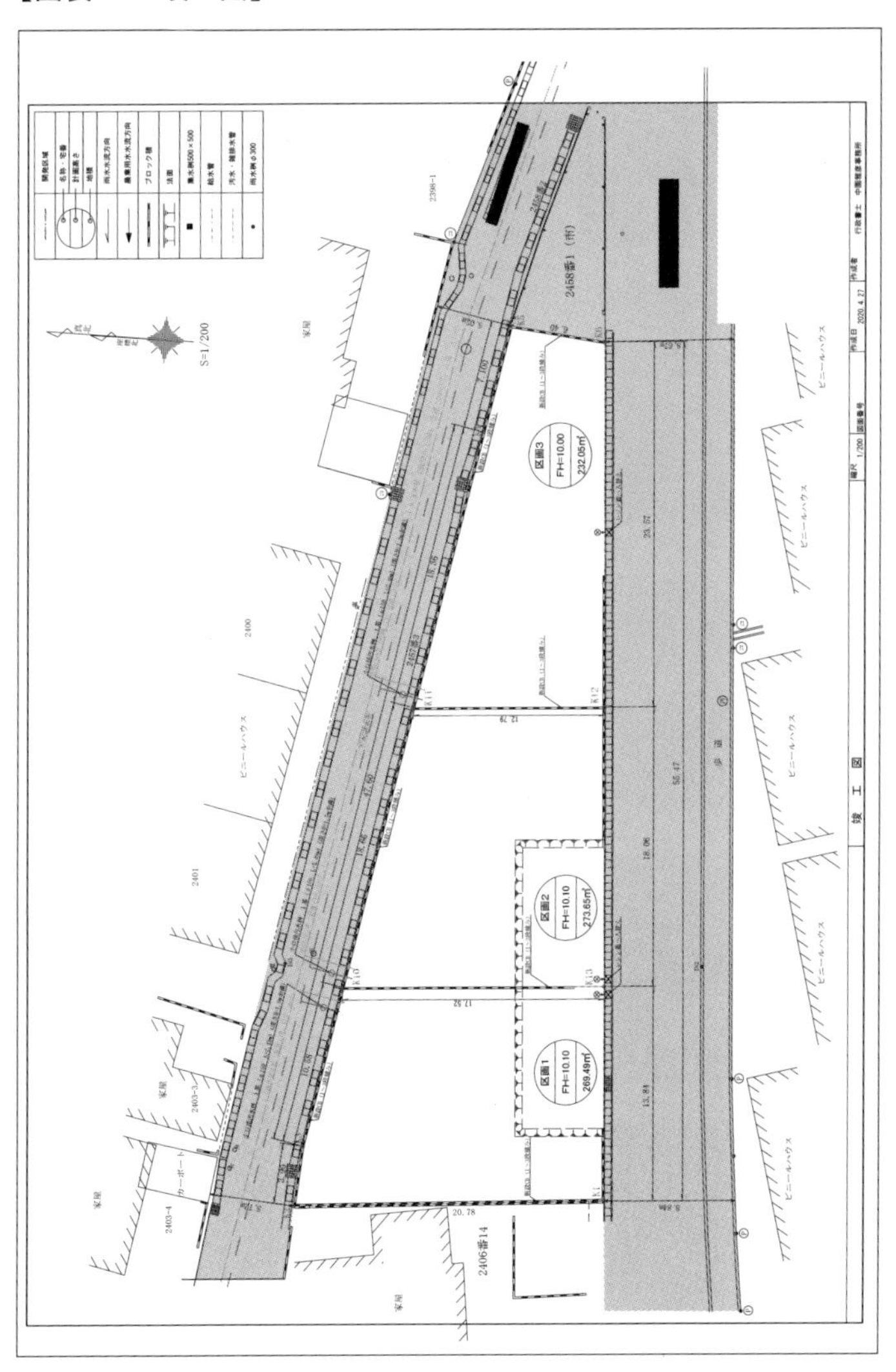
S=1/200
2398-1
2458番1（所）
2400
2401
2403-3
2403-4
2406番14
家屋
カーポート
ビニールハウス
区画3
FH=10.00
232.05㎡
区画2
FH=10.10
273.65㎡
区画1
FH=10.10
269.49㎡
20.78
竣　工　図

工事写真

工事写真は、工事の種類ごとにインデックスラベルなどを付け、ファイリングしたものを用意します。

どのような写真か、一部抜粋したものを載せますので参考にしてください。

・参考写真①着手前・完成写真（図表61）
・参考写真②ブロック積（図表62）
・参考写真③境界標写真（図表63）
・参考写真④下水道写真（図表64）

【図表61　着手前・完成写真】

着手前

完　成

【図表62　ブロック積】

区画　1　北側
ブロック積　2段
配筋検測
縦筋D10@800
横筋D10　2本

区画　1　北側
ブロック積　2段
鉄筋組立及び
型枠組立完了

区画　1　北側
ブロック積　2段
鉄筋組立及び
型枠組立完了

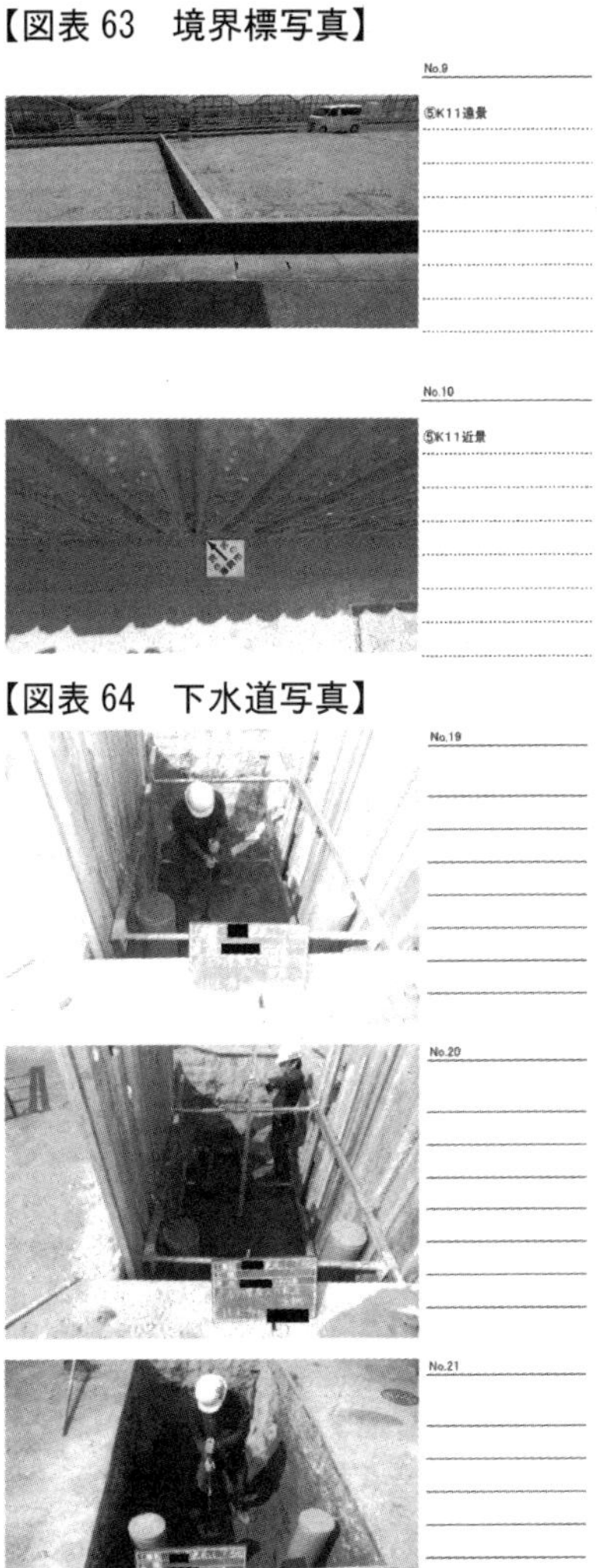

【図表63　境界標写真】

【図表64　下水道写真】

地積測量図（図表65）、（図表66）

土地家屋調査士に分筆登記を依頼して完了すると、地積測量図という図面が法務局に登録されます。

地積測量図には、土地をどのように分筆したのか、境界点の各ポイント間の距離や、座標値、分割された土地の面積を計算した表などが載っています。

工事完了届出の際、一緒に添付します。

【図表 65　地積測量図①】

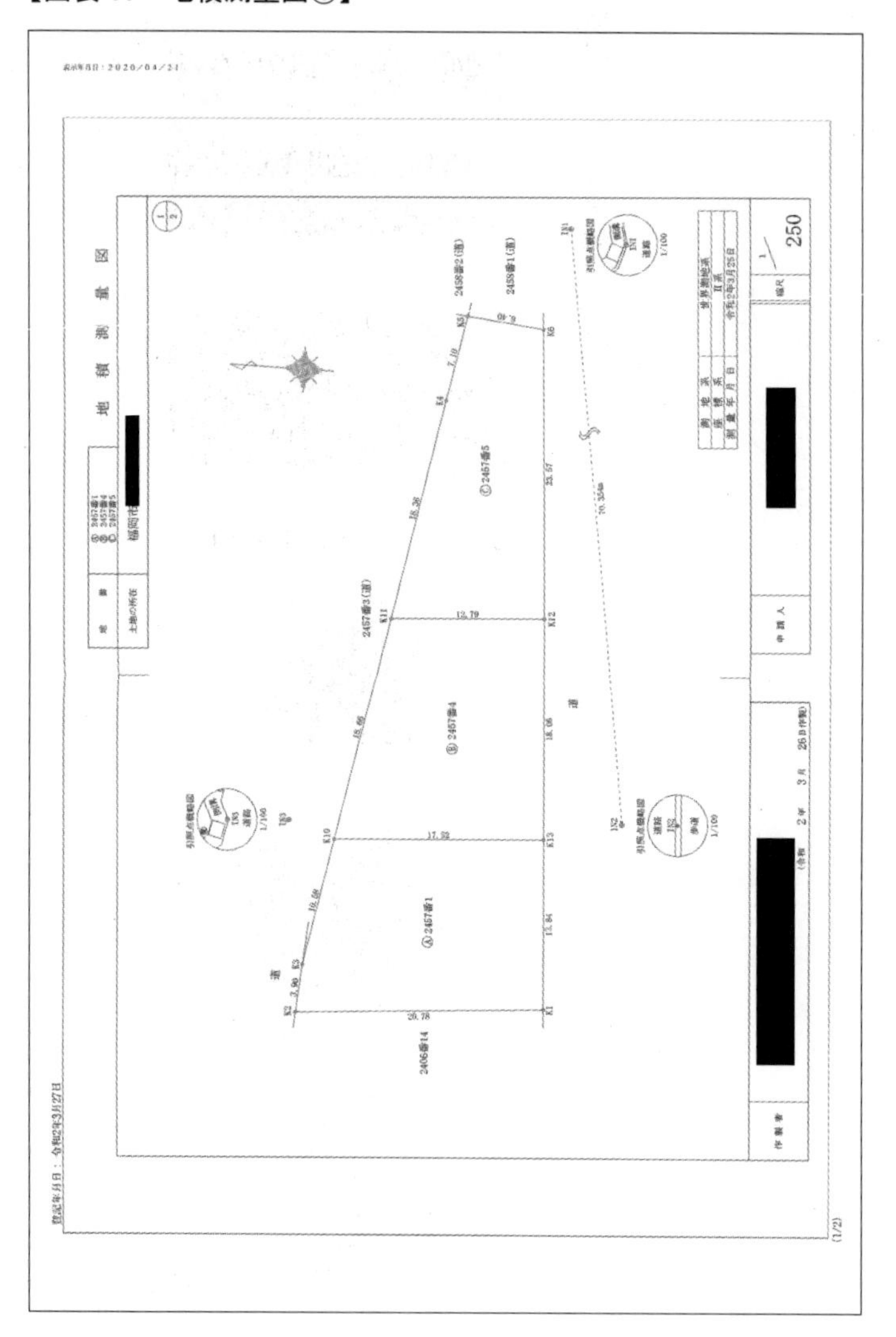

地積測量図
福岡市
土地の所在
Ⓐ 2457番1
Ⓑ 2457番4
Ⓒ 2457番5
2458番2(道)
2458番1(道)
2457番3(道)
2406番14
道
引照点概略図
1/100
測地系
座標系
II系
令和2年3月25日
縮尺
1/250
申請人
作製者
(令和　2年　3月　26日作製)
登記年月日：令和2年3月27日
(1/2)

【図表 66　地積測量図②】

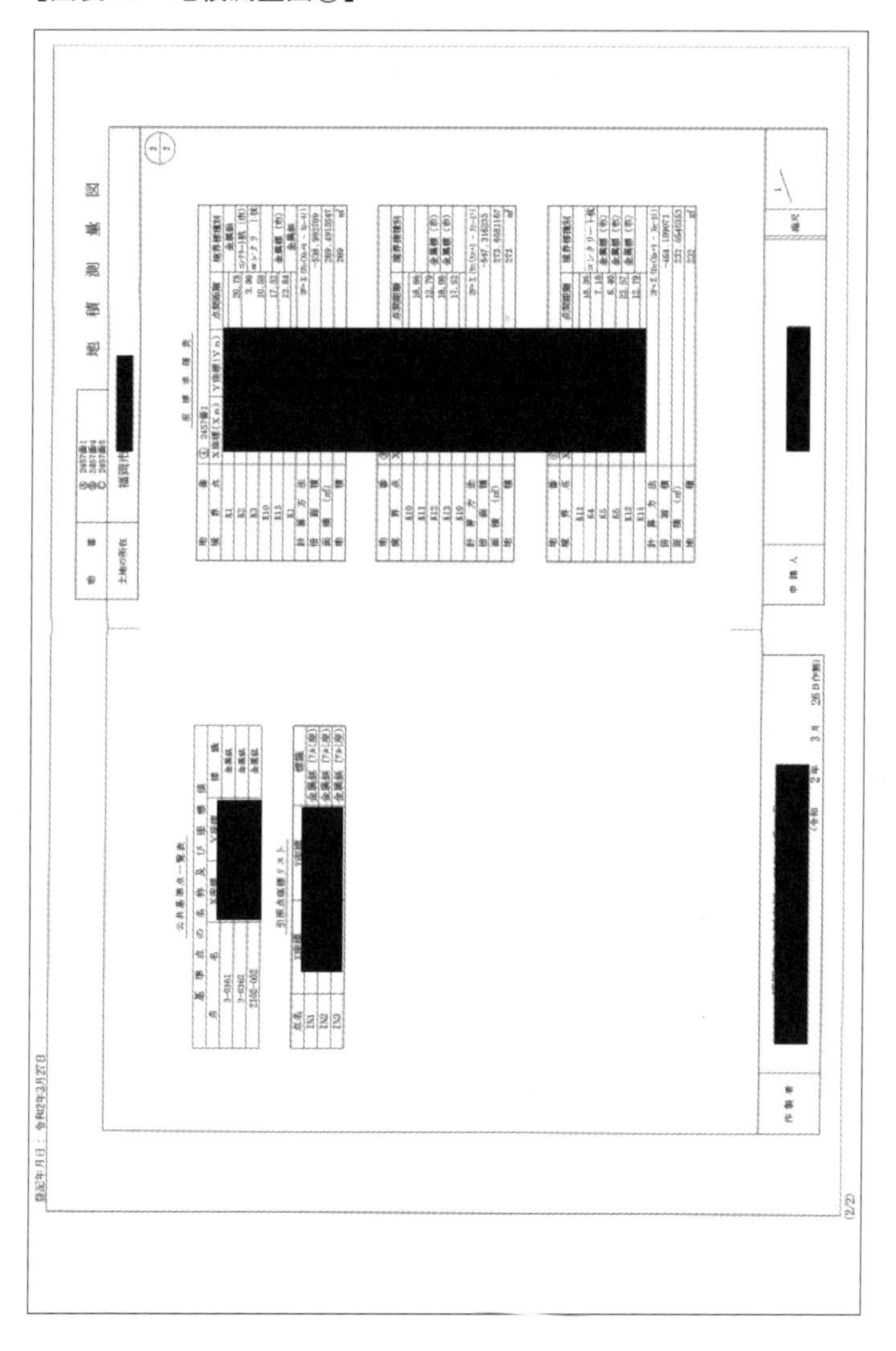

下水道引継書類の提出

工事完了届を提出したら、下水道の引継書類を下水道担当の課に提出します。

下水道引継書類に必要な書類は、次のとおりです。

① 公共施設（下水道）の引継について（図表67）

② 位置図（前掲図表10）

③ 施設平面図（竣工図（前掲図表60）を添付）

④ 施設縦断図（今回はありません）

⑤ 各種構造図（前掲図表30）、（前掲図表31）

⑥ 公共施設の各種占用許可関係図書（今回はありません）

公共施設（下水道）の引継についての書き方（図表67）

① 日付は、今は記入しません。下水道担当の課に提出するときに記入します。

② 開発申請者の住所・氏名を記入します。

③ 開発する場所の所在を記入します。登記事項証明書の所在どおりに記載し、土地の地番が複数になる場合も、「他何筆」と省略せずにすべての地番を記入します。

④ 開発許可年月日は、開発許可通知書の右上に記載されている日付と番号を転記します。

⑤ 公共施設の表示は、新たに設置される公共施設一覧表（前掲図表25）で記入した下水道に関す

る部分を転記します。

【図表67　公共施設（下水道）の引継ぎについて①】

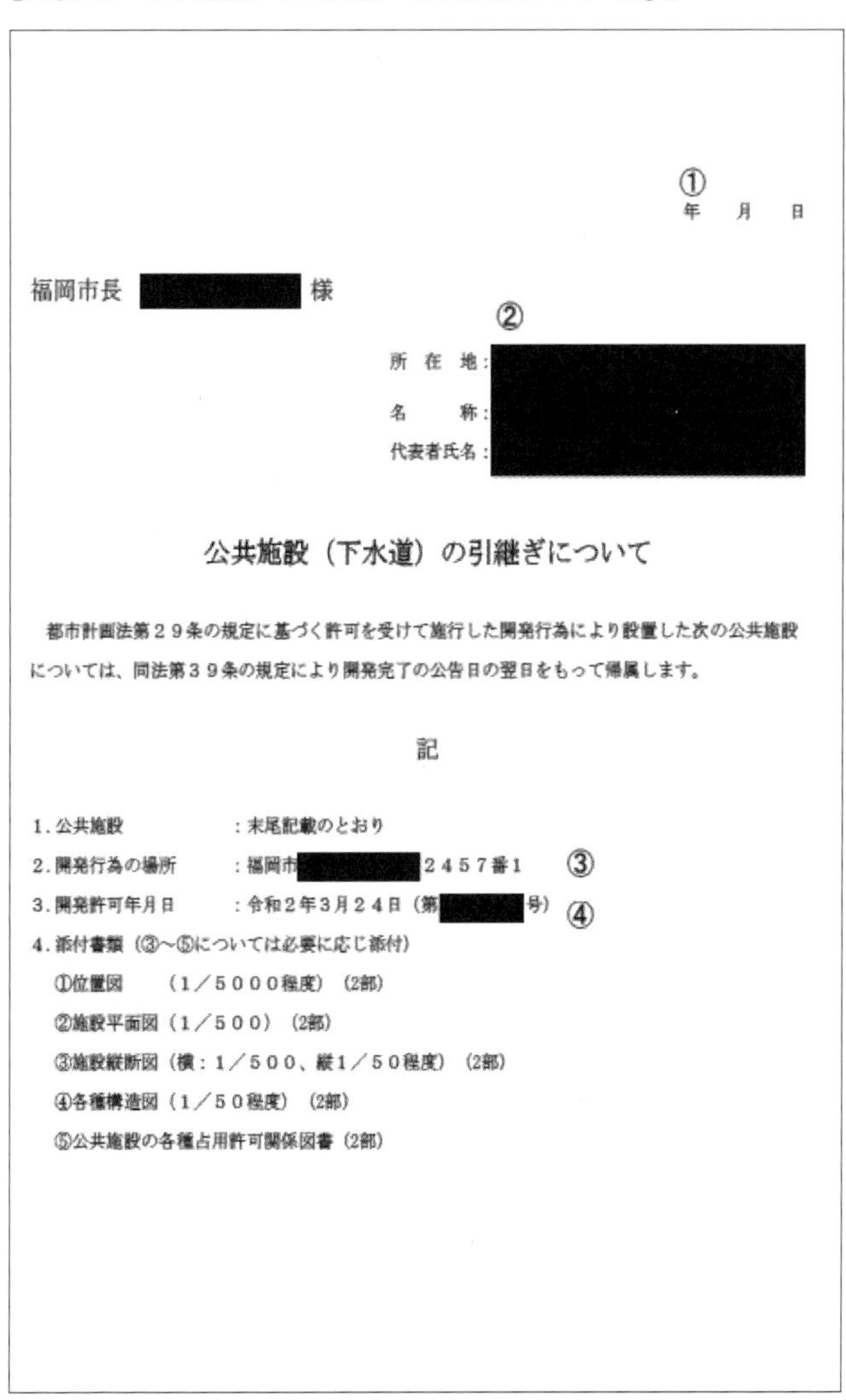

①
年　月　日

福岡市長 [redacted] 様

②
所 在 地：
名　　称：
代表者氏名：

公共施設（下水道）の引継ぎについて

都市計画法第２９条の規定に基づく許可を受けて施行した開発行為により設置した次の公共施設については、同法第３９条の規定により開発完了の公告日の翌日をもって帰属します。

記

1．公共施設　　　　：末尾記載のとおり
2．開発行為の場所　：福岡市[redacted]２４５７番１　③
3．開発許可年月日　：令和２年３月２４日（第[redacted]号）　④
4．添付書類（③～⑤については必要に応じ添付）
　①位置図　　（1／５０００程度）（2部）
　②施設平面図（1／５００）（2部）
　③施設縦断図（横：1／５００、縦1／５０程度）（2部）
　④各種構造図（1／５０程度）（2部）
　⑤公共施設の各種占用許可関係図書（2部）

【図表 67　公共施設（下水道）の引継について②】

⑤

公共施設の表示

公共施設の種類	幅員寸法又は管径	延長又は個数	管渠等の種類	用地の種類	用地の所有者	摘要
小口径汚水桝	φ200	3基		道路	福岡市長	公共下水道管理者
汚水取付管	φ150	7.43m	VU	〃	〃	〃

5　工事完了検査

工事完了検査の日程

工事完了届出書を提出したら、開発担当の課と工事完了検査の日程を調整します。

それによって工事完了検査の予定日時がわかったら、工事関係者に来てもらえるよう連絡しておきましょう。

工事完了検査はどのように行われるか

工事完了検査の当日は、役所の関係する部署が現地の竣工状況を検査します。

工事した内容について確認されますので、工事施工業者にも検査に立ち会ってもらうようにしましょう。

審査されるポイントは、開発区域の境界線がはっきりしているかどうか、道路や擁壁などのコンクリート構造物・下水道施設が図面どおりに施工されているかなどです。

最終桝と道路側溝の接続部分も道路側溝の蓋を開けて確認されます。

下水道の桝やマンホールの蓋も開けて確認されますので、施工業者に蓋などを開けてもらって対応しましょう。

6　工事完了検査済証の発行、工事完了公告と建築工事着手

工事完了検査済証（図表68）

【図表68　工事完了検査済証】

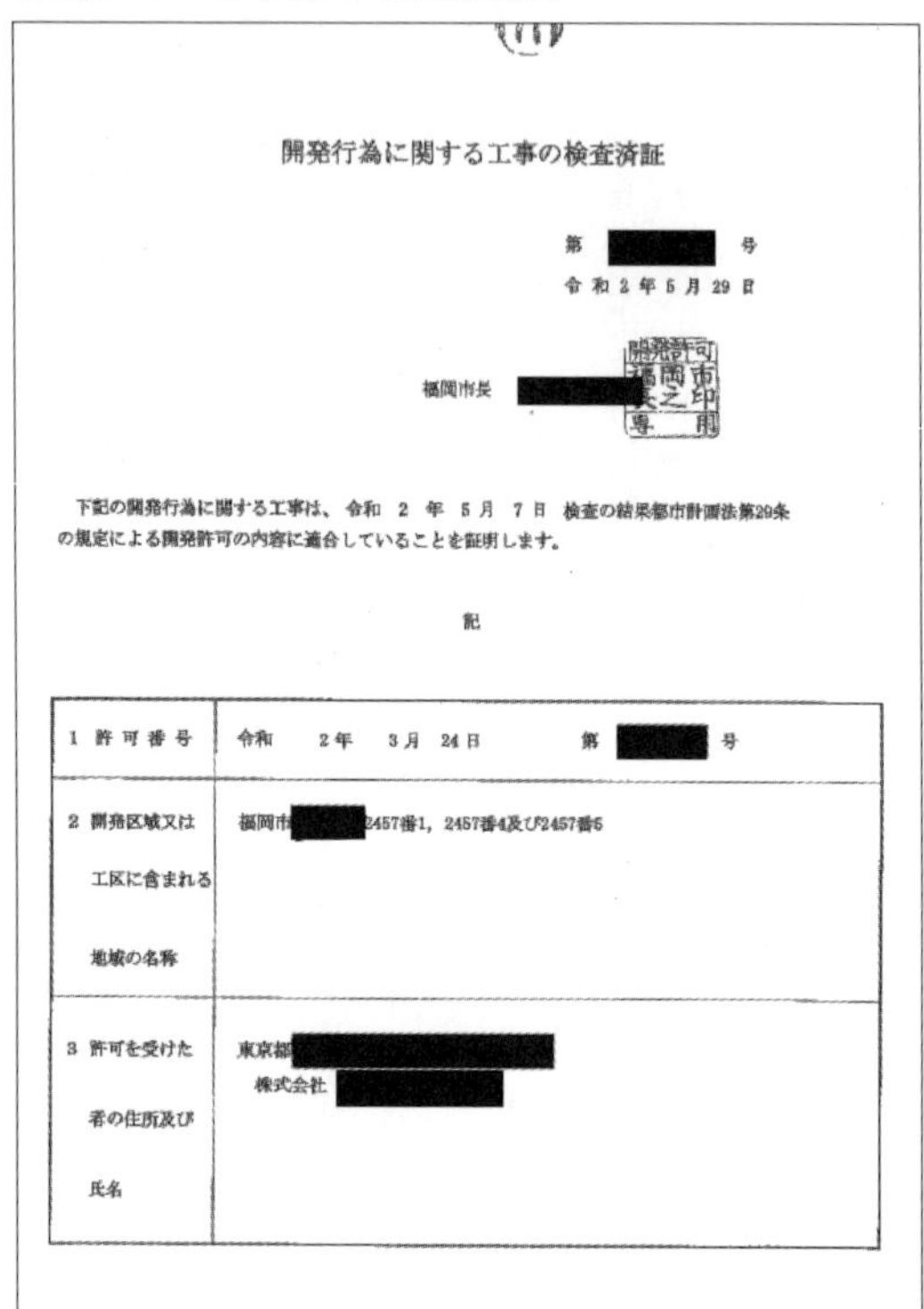

開発行為に関する工事の検査済証

第　　　号
令和2年5月29日

福岡市長

下記の開発行為に関する工事は、令和　2　年　5　月　7　日　検査の結果都市計画法第29条の規定による開発許可の内容に適合していることを証明します。

記

1 許可番号	令和　2年　3月　24日　　第　　　号
2 開発区域又は工区に含まれる地域の名称	福岡市　　2457番1, 2457番4及び2457番5
3 許可を受けた者の住所及び氏名	東京都 株式会社

無事に工事完了検査が終わり、特に工事のやり直しや補修などの指摘事項がなければ、通常は1週間程度で開発担当の課より工事完了検査済証が発行されます。

工事完了公告（図表69）

工事完了検査済証が発行されてから2週間経過後に、公報に工事完了公告が載ります。

【図表69　工事完了公告】

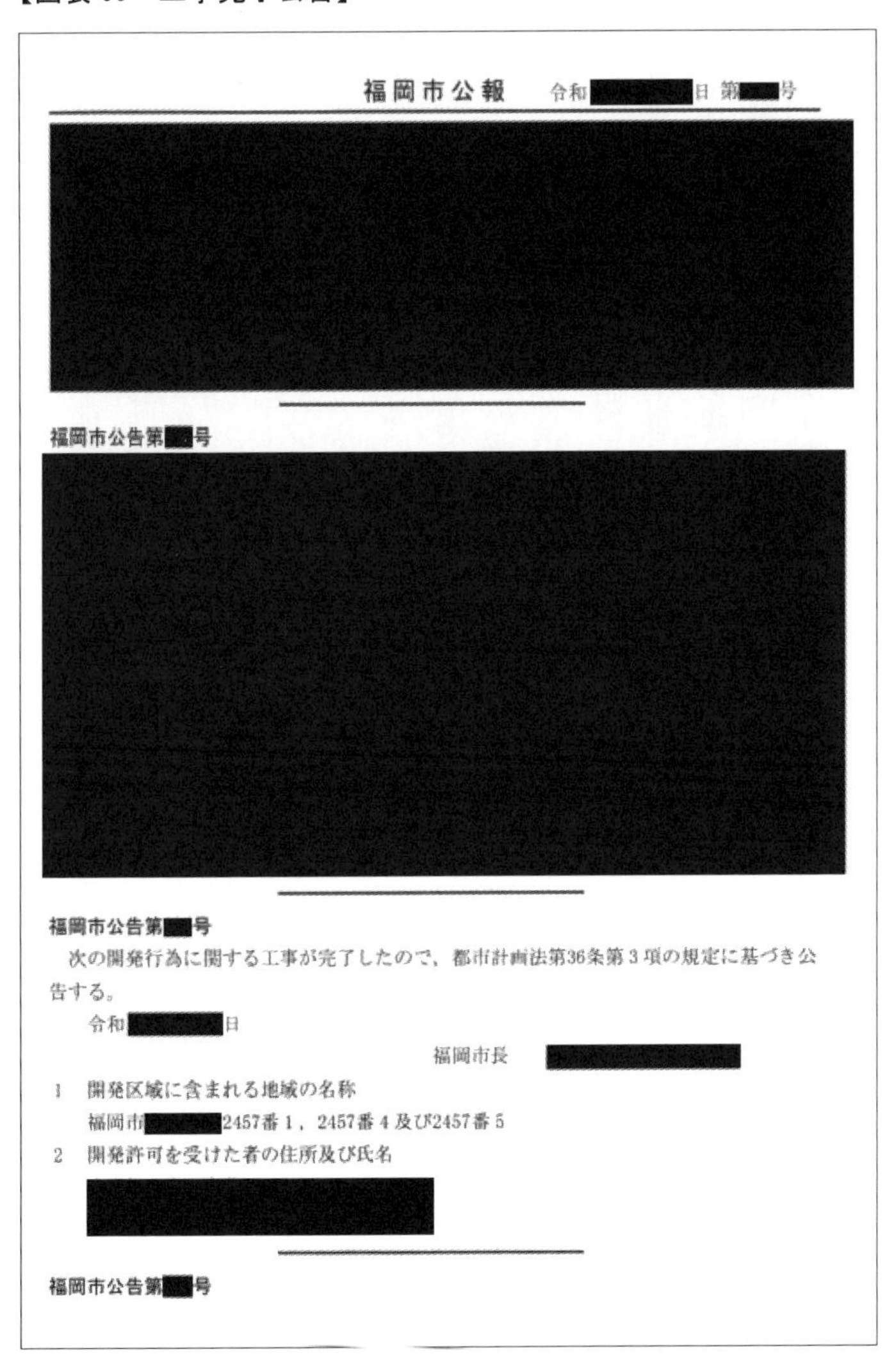

福岡市公報　令和[illegible]日 第[illegible]号

福岡市公告第[illegible]号

福岡市公告第[illegible]号

次の開発行為に関する工事が完了したので、都市計画法第36条第3項の規定に基づき公告する。

令和[illegible]日

福岡市長 [illegible]

1　開発区域に含まれる地域の名称

福岡市[illegible]2457番1，2457番4及び2457番5

2　開発許可を受けた者の住所及び氏名

[illegible]

福岡市公告第[illegible]号

2週間という期間は、許可をする都道府県や市によって違いますので確認してください。

工事完了の公告がされたら、開発行為許可申請の手続は完了です。

この工事完了公告がされた後でないと、建築工事に着手してはいけませんので注意してください。

工事完了公告前の建築制限

開発工事が完了する前に建築工事が行われると、開発許可どおりの公共施設の整備が行われず、開発許可制度の目的が達成できなくなるおそれがあります。そのため、都市計画法では、工事完了公告前に建築工事に着工してはならないと規定されていますが、例外があります。現場事務所のプレハブなど、工事用の仮設建築物を建築する場合や、都道府県知事が支障がないと認めたときなどです。

工事用の現場事務所は簡単に想像できると思います。では、都道府県知事が支障がないと認めるときとはどんな場合でしょうか。

これは、開発許可をする都道府県によって違いはありますが、開発工事の工程上やむを得ない場合となります。例えば、造成工事と建築工事を切り離してやることが難しい場合、開発で設置する擁壁と建築物の壁が一体構造の場合などです。

いつ建築に着工できるのかは、工期に直接的に影響してくる部分ですので、建築する側からすると一刻も早く着手したいと思うのは当然のことです。開発の工事完了検査済証と工事完了公告の間に期間を要する場合もありますので、事前に確認しておきましょう。

第8章　建築許可申請

1 市街化調整区域で建築できる建築物

都市計画法第34条

【図表70　市街化調整区域で許可を受けて建築できる建築物の例】

分類		対象となる建築物（例）	根拠法令
①	日常生活関連施設	日常生活に必要な日用品販売店、診療所、理容室、美容院、自動車修理工場、ガソリンスタンドなど	法第34条1号
②	農林漁業関連施設	畜産食品製造業、配合飼料製造業、製茶業、製材業、倉庫業に供する建築物など	法第34条4号
③	沿道サービス施設	ドライブイン、ガソリンスタンドなど	法第34条9号
④	地区計画関連施設	地区計画を指定した区域内で、地区整備計画の内容に一致している建築物	法第34条10号
⑤	県条例指定区域	県条例の指定した区域内で、その内容に一致している建築物	法第34条12号
⑥	分家住宅	線引き前から本家が所有している土地で、3親等内血族の住宅	法第34条12号
⑦	既存集落内の自己用住宅	線引き前から所有し、その集落内にある土地で新たに建築する自己用住宅	法第34条12号
⑧	収用対象事業による移転	公共事業に伴う転居のための自己用住宅	法第34条12号
⑨	既存権利者の建築物	線引き前から所有し、線引き日から6ヶ月以内に届出し、5年以内に許可を受けた建築物（自己の居住用、自己の業務用）	法第34条13号
⑩	開発審査会の議を経た建築物	収用移転に伴う建築物、地区集会所、公民館、医療施設、社会福祉施設、学校など	法第34条14号
⑪	造成受理団地（造成工事の届出）	線引き時に建築物の建築を目的として造成済み、または造成中の一団の土地で一戸建ての専用住宅	令第36条第1項3号ハ

市街化調整区域は、市街化を抑制する区域ですので、原則として建築することはできません。建築するためには、開発許可や建築許可など都市計画法の手続を経る必要がありますが、誰でも申請すれば許可が下りるというわけではありません。あらかじめ法律や政令などで、建てることができる建築物が定められています。

その内容は、主に都市計画法第34条に定められています。市街化調整区域では、都市計画法第34条の1号から14号までのどれかに該当しなければ、許可が下りないということです。

市街化調整区域で、開発許可や建築許可を受けて建築できる建築物の主なものの例を図表70にまとめていますので、お持ちの土地が市街化調整区域であっても、どれかに該当しそうなものがあれば、市役所の都市計画課やお近くの行政書士に相談してみてください。

2　開発行為のない建築許可

都市計画法第43条許可申請

市街化調整区域で建築しようとする場合、原則として開発許可や建築許可が必要です。土地の区画・形・質の変更、つまり開発行為がある場合は開発許可申請、ない場合は建築許可申請となります。

開発許可申請は都市計画法の第29条、建築許可申請は都市計画法の第43条にそれぞれ規定されているので、役所や専門家の間では「29条申請」や「43条申請」などと言って区別しています。

建築許可申請が必要な土地のイメージ

それでは建築許可申請となる場合は、一体どんな場合なのでしょうか。

例えば、市街化調整区域の土地で、建物が建っていない空き地があったとします。広さは、家が1軒分建つぐらいの広さです。法務局でその土地の登記事項証明書を取得して、登記の内容を確認すると、土地の地目は宅地になっています。広い道路に面しており、交通の便もよいです。土地の高さも道路と同じ高さで、農地のようにどこからか土を持ってきて造成工事をしないと建物を建てることができない土地ではなく、そのまま車で出入りできそうです。一言で言うとそのまま建築できそうな土地ですね。

このように、市街化調整区域の土地で、開発行為がない土地に建築する場合、開発許可申請ではなく建築許可申請が必要になります。

3　分家住宅での建築許可（福岡県の許可の場合）

分家住宅での建築許可ケーススタディ

市街化調整区域の住宅建築の典型例である分家住宅について、1つのケースで説明します。

例えば、39歳の会社員の息子が、妻と子供3人と、市街化調整区域の実家で両親と祖母と一緒に暮らしているとします。子供も3人に増え、このまま実家に住み続けるには手狭になってきたため、マイホームの取得を考えるようになりました。市街化区域に土地を購入して建築することも検討しましたが、市街化区域の土地は価格が高く、土地の購入まで含めると予算に合いません。それに両親と祖母も高齢になってきており、なるべく実家のすぐ近くに住みたいと思っていました。ちょうど実家の裏に古い倉庫がある父名義の土地があり、倉庫も現在はほとんど使っていない状態なので、倉庫を取り壊してそこに住宅を建てることにしました。

分家住宅の要件

分家住宅の要件としては、次の10項目が上げられます。

①　本家が存在すること

本家とは、線引き前からそこに住んでいる両親や祖父母の実家のことです。線引き前とは、そこが市街化調整区域になる前からということです。線引き時の所有者から線引き後に相続や生前贈与で取得した場合でも、取得後引続きそこに住んでいればそこが本家になります。

例えば、今回のケースでは、昭和45年の線引き時には祖父名義だった実家の土地と建物を、平成９年に祖母が相続し、その後平成28年に父が生前贈与で祖母からもらっています。祖母も父もこれまでずっと本家に住んできました。

そのことは住民票や戸籍の附票などで証明します。戸籍の附票とは、その戸籍ができてからの住所の履歴が記載されているもので、本籍地の市役所の市民課などで取得できます。

②　申請者に申請地の相続権があるか、申請者は本家の世帯に入っているか

申請者とは、家を建てる人のことです。もし家を建てる人にその土地の相続権がないと、家を建てるときはよくても、家を建ててしまった後に土地の所有者が亡くなって、土地の名義が変わり、トラブルになってしまう恐れがあるためです。

今回のケースでは、土地は父の名義で、家を建てる息子に相続権はありますので、この要件を満たしています。ちなみに今回のケースでは、たまたま申請者の息子と本家の世帯は同居していますが、申請者が本家の3親等以内の血族であれば同居してなくてもよいということになっています。戸籍謄本などで本家との関係を証明します。図表71のように、親族関係図を作成するとよりわかりやすいでしょう。

【図表71　親族関係図】

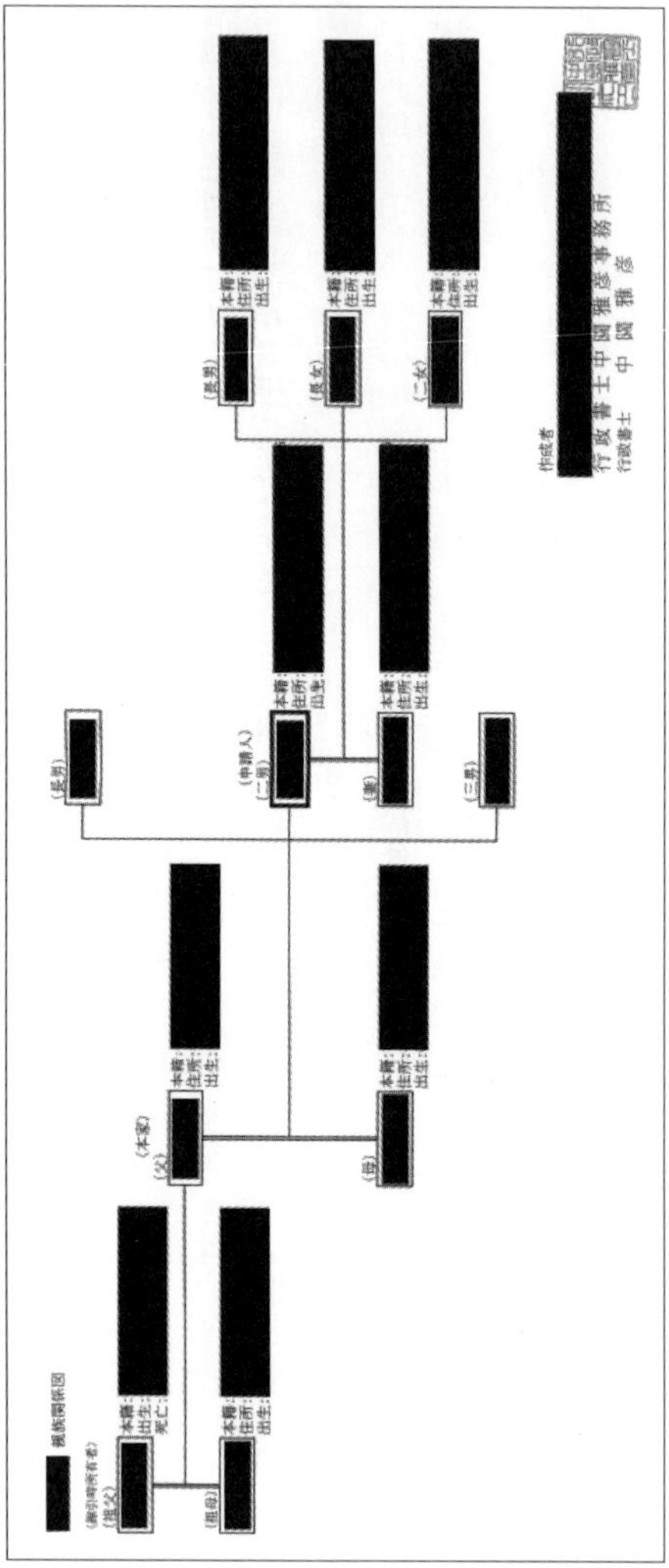

③ 申請者は過去においてこの建築許可を得ていないこと

同じ申請者が分家住宅を何度も建築してはいけません。

④　新たに住宅を確保する必要性が認められること

【図表72　理由書】

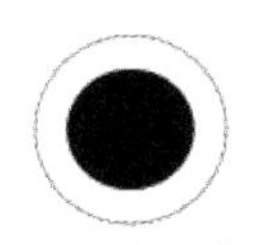

理　由　書

今般、本申請に至りました理由は下記のとおりです。

現在、実家で両親世帯と一緒に暮らしておりますが、子供も三人に増え、手狭になってきたことから、持ち家取得を検討するようになりました。両親に相談したところ、両親も高齢になってきていることから、なるべくなら実家の近くにとの希望でした。私達も、何かあったときにすぐ駆けつけられる距離にいることは安心ですし、子供の教育にとっても祖父母の家の近くで暮らすことは良いことだと考えます。

そこで、父や祖母が所有している実家周辺の土地を検討しましたが、その大部分が農地でした。その農地よりは、実家の敷地は宅地で十分な広さがありましたので、一部分を分筆し、現在建っている倉庫を取り壊しして、そこに建てる方が良いという結論に至りました。

また、今現在は会社勤めのため、なかなか時間が取れませんが、将来的には周辺の祖母所有の農地も耕していきたいと考えております。

計画地は、市街化調整区域内にあり、原則として建築する事が出来ない場所であり、大変厳密な審査を要することと十分承知しておりますが、近隣にご迷惑をおかけすることがないよう心がけ、地域と調和し貢献できるようにしていく所存でありますので、何卒ご考慮頂きますよう、よろしくお願い申し上げます。

年　月　日

申請人　住所

氏名

今回のケースでは、住宅を確保する必要性を説明した理由書を添付しています。今の住居が手狭になり、実家の近くで建築したいというような内容です（図表72参照）。

⑤　申請地は既存集落または周辺の地域であること

既存集落とは、住宅が40戸以上、住宅間の距離１００ｍ以内で連たんしている地域です。

連たんとは、連なっているという意味で、要は申請地の近くに住宅が40戸以上ある程度密集していれば既存集落ということになります。既存集落かどうかは40戸連たん図で証明します（図表73参照）。

【図表73　附近見取図・40戸連たん図】

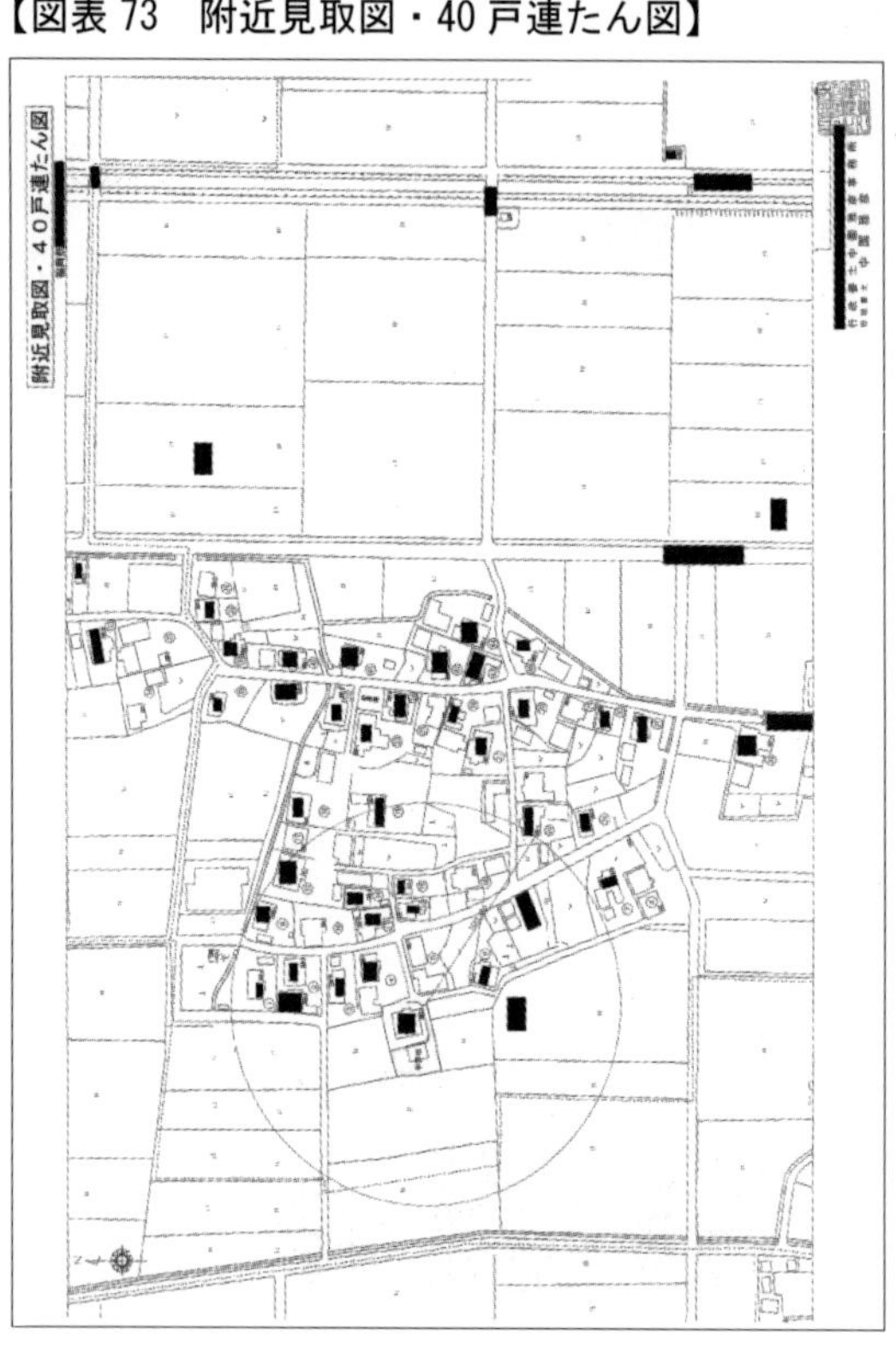

40戸連たん図のつくり方は、ゼンリン地図等の図面上で周辺の住宅に番号を振っていき、40戸以上カウントします。

その際に注意したいのが、カウントできるのは市街化調整区域の住宅だけということです。

申請地が市街化区域のすぐ近くの場合でも、市街化区域の住宅はカウントできません。また、事業用の倉庫や店舗の建物などもカウントできません。

住宅間の距離が開いている場合は距離を表示し、１００m以内であることを示します。１００mの距離が図面上どれくらいになるかも表示しておきましょう。

⑥　勤務地が遠過ぎないこと（通勤時間２時間程度まで）

【図表74　勤務先証明書】

勤　務　先　証　明　書

勤務者住所
氏名

勤務先所在地
勤務先名称
代表者名
電話番号

上記のとおり勤務していることを証明します。

年　月　日

住所
氏名

申請人の勤務先に勤務先証明書を出してもらって証明します。

通勤時間２時間程度まで認められますので、よほど遠い勤務場所でない限り大丈夫だと思います。

⑦　本家や申請者の世帯構成員が市街化区域などに建築可能な土地を所有していないこと

本家世帯と申請者世帯が所有している不動産を調べて、市街化区域などに土地を所有していないことを確認します。

具体的には、不動産を所有している場合は名寄帳、所有していない場合は無資産証明書を市役所で取得します。

名寄帳とは、その市町村内にあるその人名義の不動産を一覧表にして出してくれるものです。もしも不動産を所有していなければ、資産がないということで、無資産証明書を出してくれます。

どちらも市役所の税務課の固定資産税係などで取得できます。

今回のケースでは、祖母と父は不動産を所有しており名寄帳（図表75、76参照）、母と申請者と妻は所有しておらず無資産証明書（図表77参照）を取得しました。祖母の名寄帳に記載されている不動産はすべて市街化調整区域の農地、父の名寄帳に記載されている不動産は実家の土地・建物のみでしたので、要件を満たします。

もしも、市街化区域の農地や空き地など建築可能な土地を持っていると、この要件に合わなくなります。

⑧　申請地は線引き前から祖父母や両親が持っている土地かどうか

土地の登記事項証明書や土地の閉鎖謄本で線引き前から今までの所有者を確認します（図表78、79、80、81参照）。

【図表 75　名寄帳（祖母名義の不動産）】

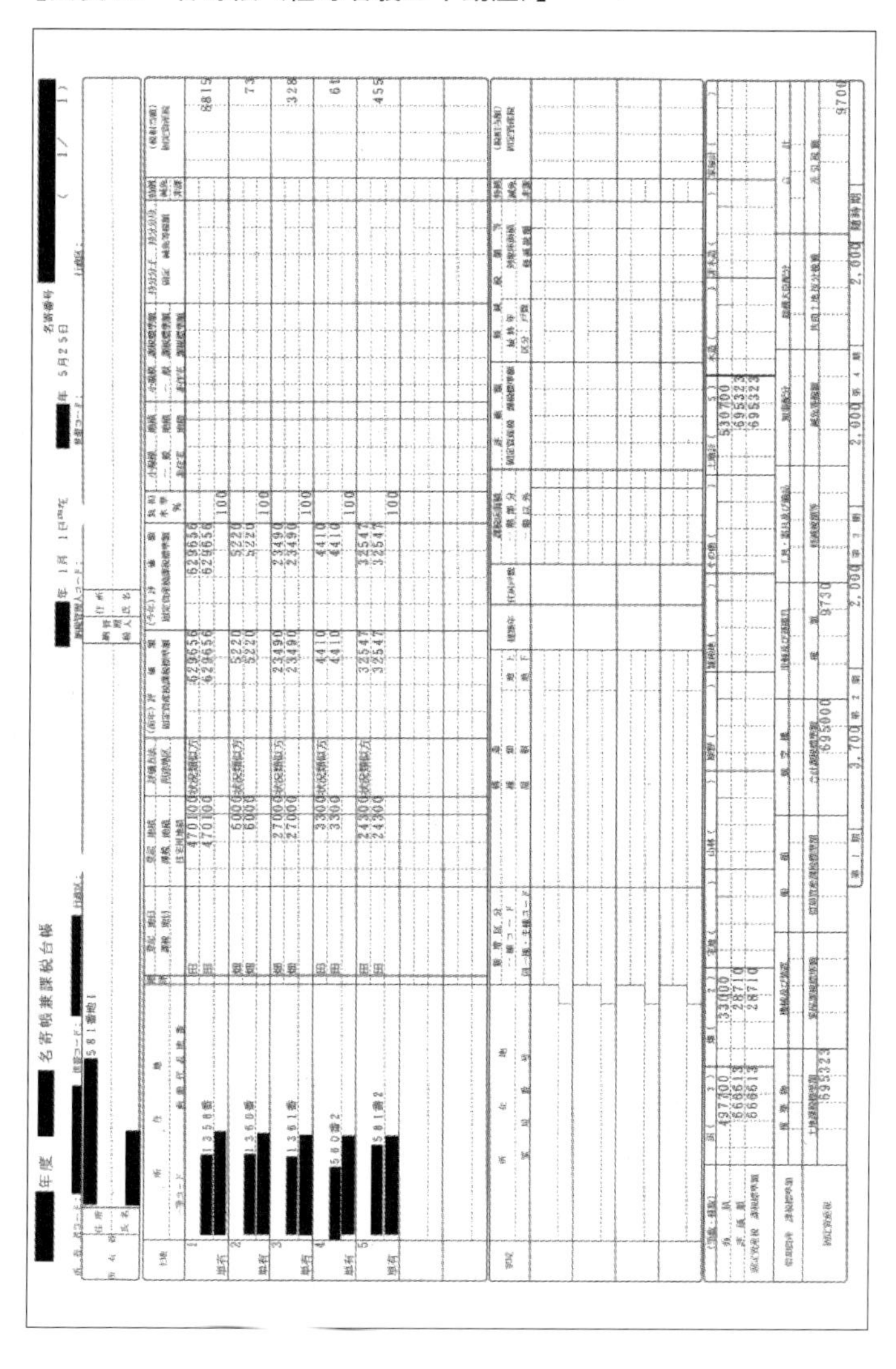

年度　名寄帳兼課税台帳

年 1月 1日現在　年 5月25日　（ 1／ 1）

住所　581番地1

番号	所在地	登記地目 / 課税地目	登記地積 / 課税地積	評価方法	(前年)評価額 / 固定資産税課税標準額	(今年)評価額 / 固定資産税課税標準額	負担水準 %	(税相当額) 固定資産税
1 単有	1358番	田 / 田	470100 / 470100	状況類似方	629656 / 629656	629656 / 629656	100	8815
2 単有	1360番	畑 / 畑	6000 / 6000	状況類似方	5220 / 5220	5220 / 5220	100	73
3 単有	1361番	畑 / 畑	27000 / 27000	状況類似方	23490 / 23490	23490 / 23490	100	328
4 単有	560番2	田 / 田	3300 / 3300	状況類似方	4410 / 4410	4410 / 4410	100	61
5 単有	581番2	田 / 田	24300 / 24300	状況類似方	32547 / 32547	32547 / 32547	100	455

(筆数・棟数)	田（3）	畑（2）	土地計（5）
地積	497700	33000	530700
評価額	666613	28710	695323
固定資産税 課税標準額	666613	28710	695323

固定資産税	土地課税標準額	合計課税標準額	税額	差引税額
	695323	695000	9730	9700

第1期	第2期	第3期	第4期	随時期
3,700	2,000	2,000	2,000	

【図表 76　名寄帳（父名義の不動産）】

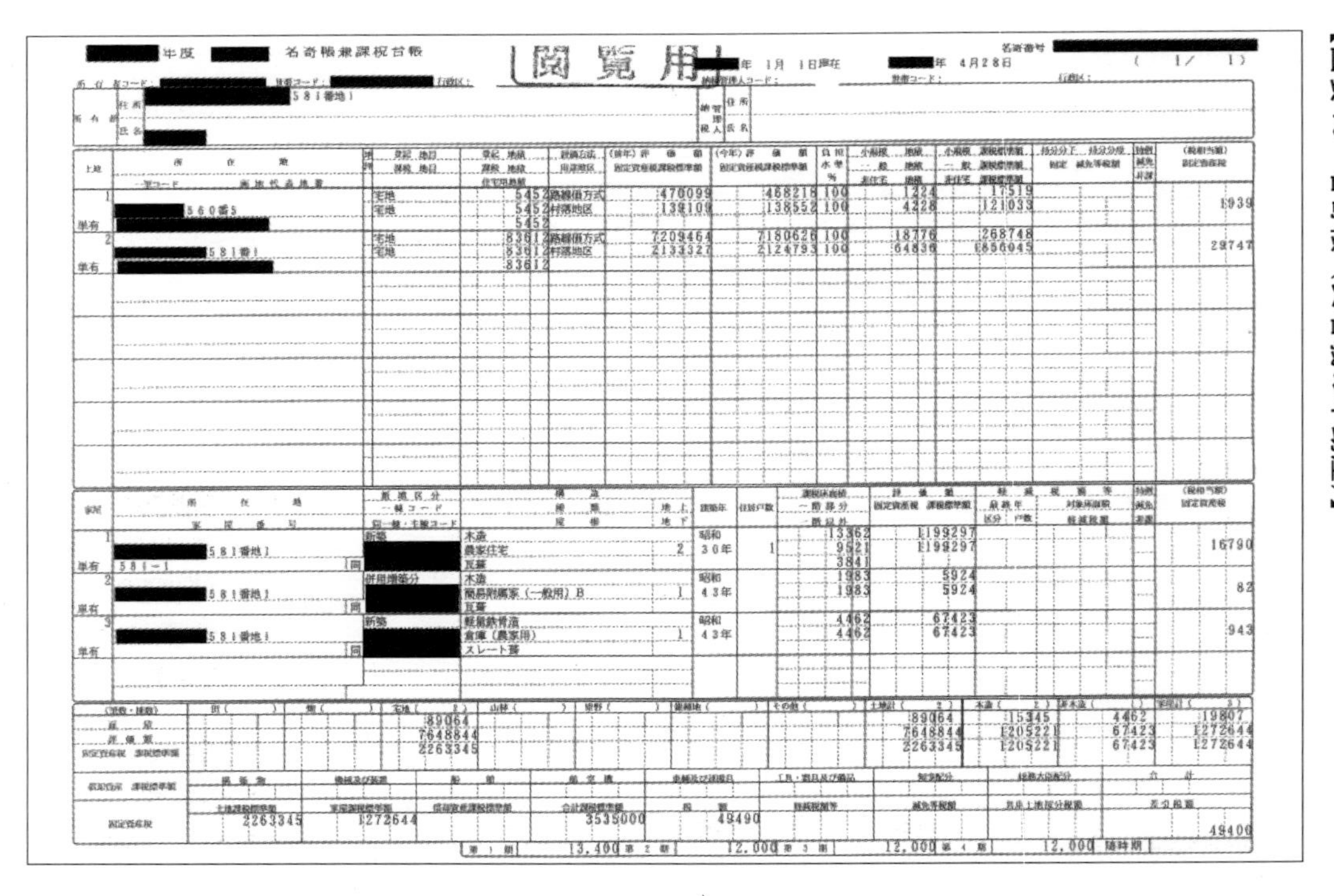

年度　名寄帳兼課税台帳　閲覧用　年 1月 1日現在　年 4月28日　（ 1／ 1）

所有者　住所　581番地1　氏名

土地	所在地	登記地目 / 課税地目	登記地積 / 課税地積 / 住宅用地積	評価方法 / 用途地区	（前年）評価額	（今年）評価額	負担水準％	小規模 / 一般 地積	小規模 / 一般 課税標準額	（税相当額）固定資産税
1 単有	560番5	宅地 宅地	5452 5452 5452	路線価方式 村落地区	470099 139109	468218 138552	100 100	1224 4228	17519 121033	1939
2 単有	581番1	宅地 宅地	83612 83612 83612	路線価方式 村落地区	7209464 2133327	7180626 2124793	100 100	18776 64836	268748 1856045	29747

家屋	所在地 / 家屋番号	新増区分	構造 / 種類 / 屋根	地上	建築年	住居戸数	課税床面積	評価額 / 課税標準額	（税相当額）固定資産税
1 単有	581番地1 581－1	新築	木造 農家住宅 瓦葺	2	昭和30年	1	13362 9521 3841	1199297 1199297	16790
2 単有	581番地1	併用増築分	木造 簡易附属家（一般用）B 瓦葺	1	昭和43年		1983 1983	5924 5924	82
3 単有	581番地1	新築	軽量鉄骨造 倉庫（農家用） スレート葺	1	昭和43年		4462 4462	67423 67423	943

（筆数・棟数）	宅地（2）	土地計（2）	木造（2）	非木造（1）	家屋計（3）
面積	89064	89064	15345	4462	19807
評価額	7648844	7648844	1205221	67423	1272644
固定資産税 課税標準額	2263345	2263345	1205221	67423	1272644

固定資産税	
土地課税標準額	2263345
家屋課税標準額	1272644
合計課税標準額	3535000
税額	49490
差引税額	49400

第1期	第2期	第3期	第4期	随時期
13,400	12,000	12,000	12,000	

【図表 77　無資産証明書】

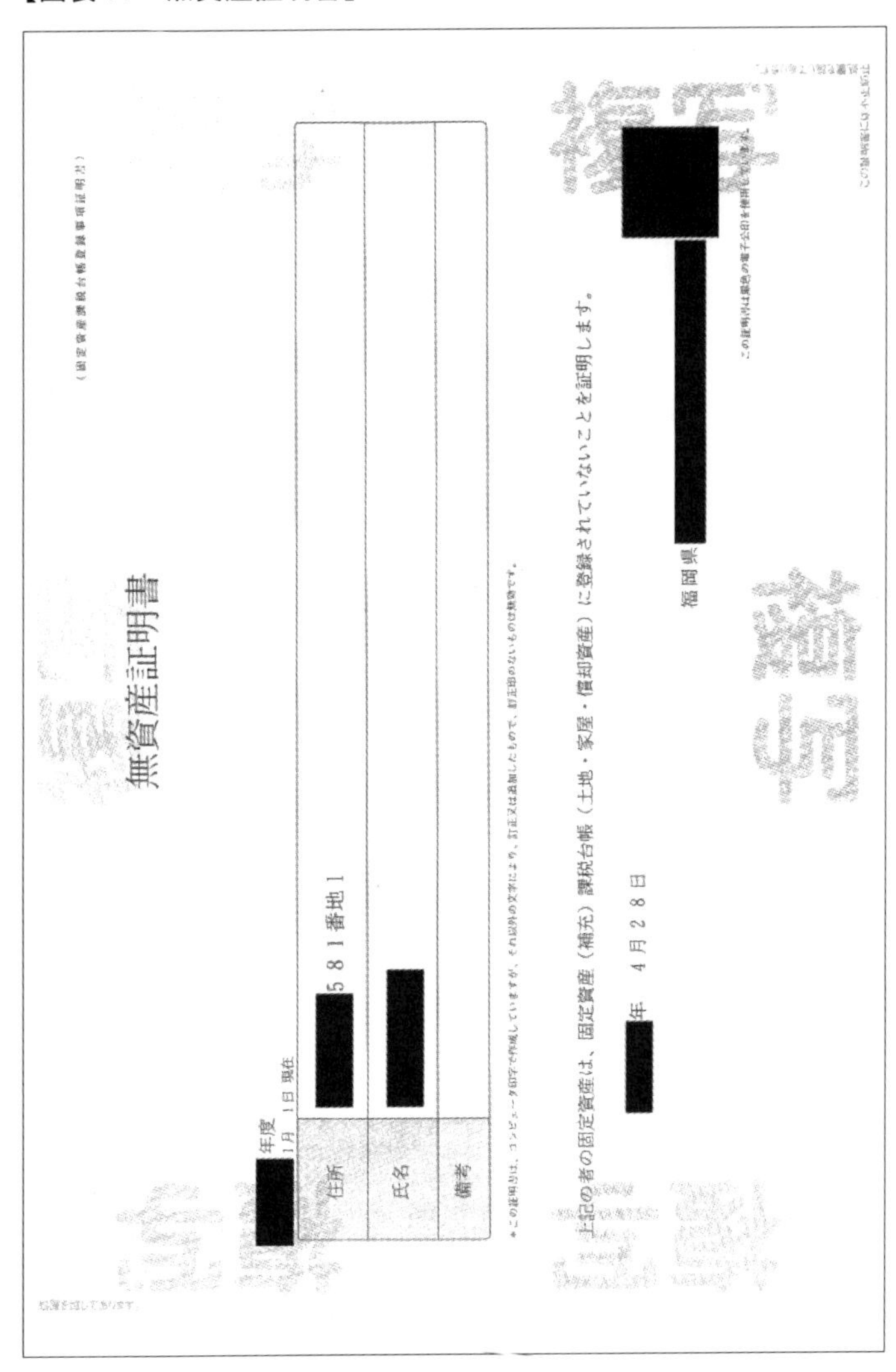

（固定資産課税台帳登録事項証明書）

無資産証明書

[redacted]年度 1月 1日 現在

住所	[redacted]５８１番地１
氏名	[redacted]
備考	

※この証明書は、コンピュータ印字で作成していますが、それ以外の文字により、訂正又は追加したもので、訂正印のないものは無効です。

上記の者の固定資産は、固定資産（補充）課税台帳（土地・家屋・償却資産）に登録されていないことを証明します。

[redacted]年　４月２８日

福岡県[redacted]

【図表 78　土地登記事項証明書】

福岡県　581－3　　　全部事項証明書　　　（土地）

表　題　部　（土地の表示）	調製	余白	不動産番号	
地図番号		筆界特定	余白	
所　在			余白	

①　地　番	②地　目	③　地　積　㎡	原因及びその日付〔登記の日付〕
581番3	宅地	439：23	581番1から分筆 〔平成29年7月3日〕

権　利　部（甲区）　（所有権に関する事項）			
順位番号	登記の目的	受付年月日・受付番号	権利者その他の事項
1	所有権移転	平成28年10月28日 第　号	原因　平成28年10月21日贈与 所有者　581番地1 順位3番の登記を転写 平成29年7月3日受付 第　号

これは登記記録に記録されている事項の全部を証明した書面である。ただし、登記記録の乙区に記録されている事項はない。

登記官

＊　下線のあるものは抹消事項であることを示す。　　整理番号　（　1／1　）　1／1

【図表 79　閉鎖謄本一部抜粋①】

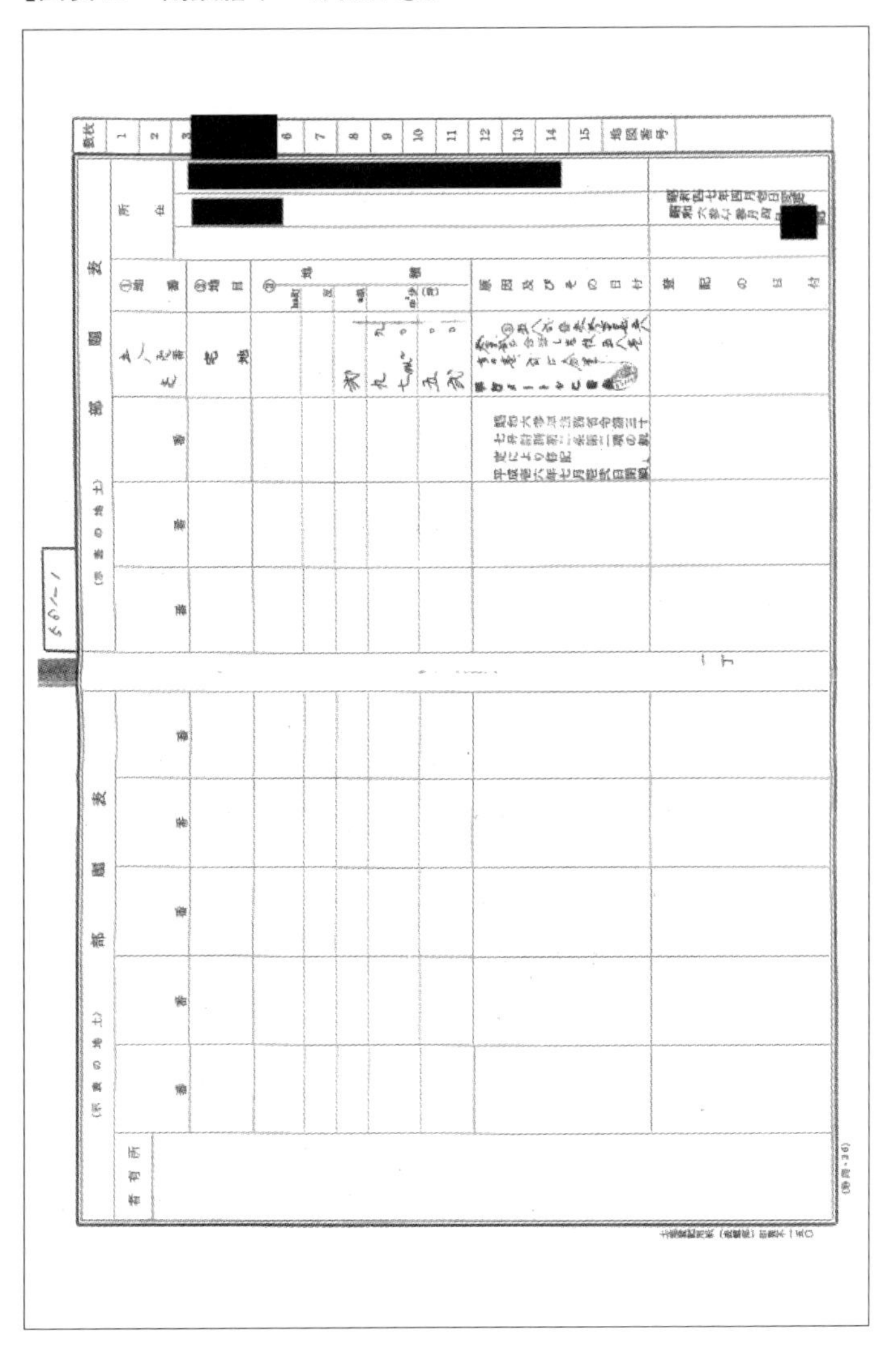

【図表 80　閉鎖謄本一部抜粋②】

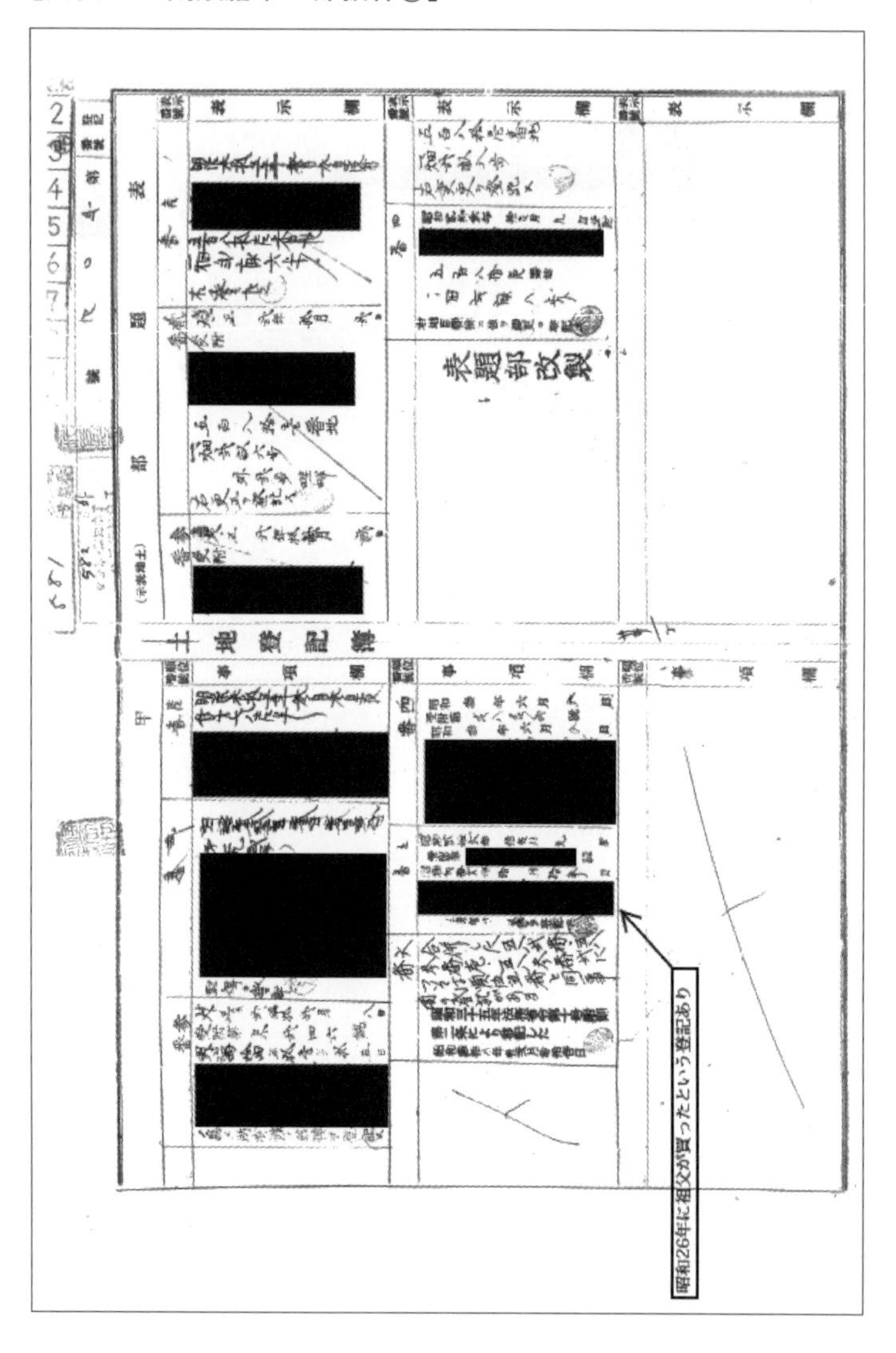

【図表 81　閉鎖謄本一部抜粋③】

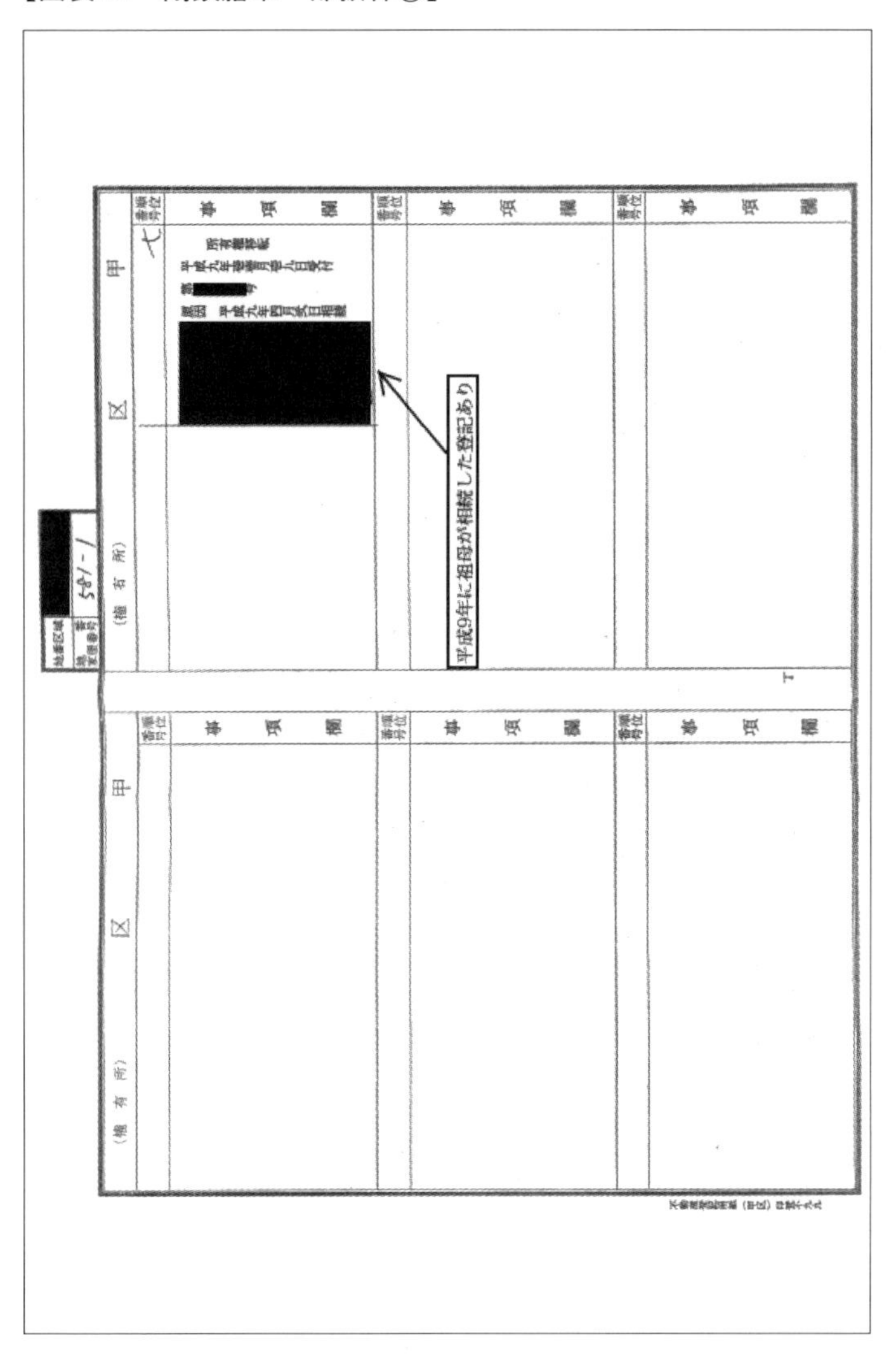

登記事項証明書は、昔、登記簿謄本と呼ばれていました。今は、登記簿はコンピュータ化されて印刷された登記事項証明書を法務局で取得できますが、コンピュータ化される前は登記の内容は登記簿という簿冊で管理されており、その登記簿をコピーして法務局が証明印を押したものが登記簿謄本でした。

簿冊の登記簿は、現在も管轄の法務局で保存されており、閉鎖謄本とは、その簿冊の登記簿をコピーしたものです。コンピュータ化される前の昔の登記の内容を知りたければ、この閉鎖謄本を管轄の法務局で取得します。

閉鎖登記簿謄本は、その土地を管轄する法務局でしか取得できませんので、注意してください。

今回のケースで言うと、現在の登記事項証明書では平成28年に父が生前贈与で取得したところしか記載されていませんでしたので、閉鎖謄本を取得して、平成9年に祖母が相続し、それ以前の昭和45年の線引き時には祖父名義だったことを確認しています。

⑨　敷地面積は５００㎡以下

今回の申請地は５００㎡以下です。

⑩　１戸建ての専用住宅で建物の高さの限度が12ｍ、外壁の後退距離が１ｍ以上

今回の予定建築物は1戸建ての専用住宅です。専用と名前がついているのは、住宅のみに利用するという意味です。住宅の一部を事務所や店舗にしてある併用住宅では分家住宅の要件に合わないということです。

建物の高さも12mを超えてはいけません。

外壁の後退距離が1m以上とは、土地の境界線から1m以上離して建物を建築してくださいということです。

今回は3m以上離して建築する予定です。

4　分家住宅での建築許可に必要な書類

分家住宅の要件を満たすことを証明する書類

これまで分家住宅の要件で見てきた書類を添付します。

- 親族関係図（前掲図表71）
- 理由書（前掲図表72）
- 附近見取図・40戸連たん図（前掲図表73）
- 勤務先証明書（前掲図表74）
- 名寄帳（前掲図表75、76）
- 無資産証明書（前掲図表77）
- 土地の登記事項証明書（前掲図表78）
- 土地の閉鎖謄本（前掲図表79、80、81）

建築行為等許可申請書（図表82）

① 建築物の新築か、改築か、用途変更かを選びます。今回は新築です。

② 日付は今は記入しません。提出するときに記入します。

③ 申請者は、家を建てる息子です。住所・氏名を記入します。

【図表82　建築行為等許可申請書】

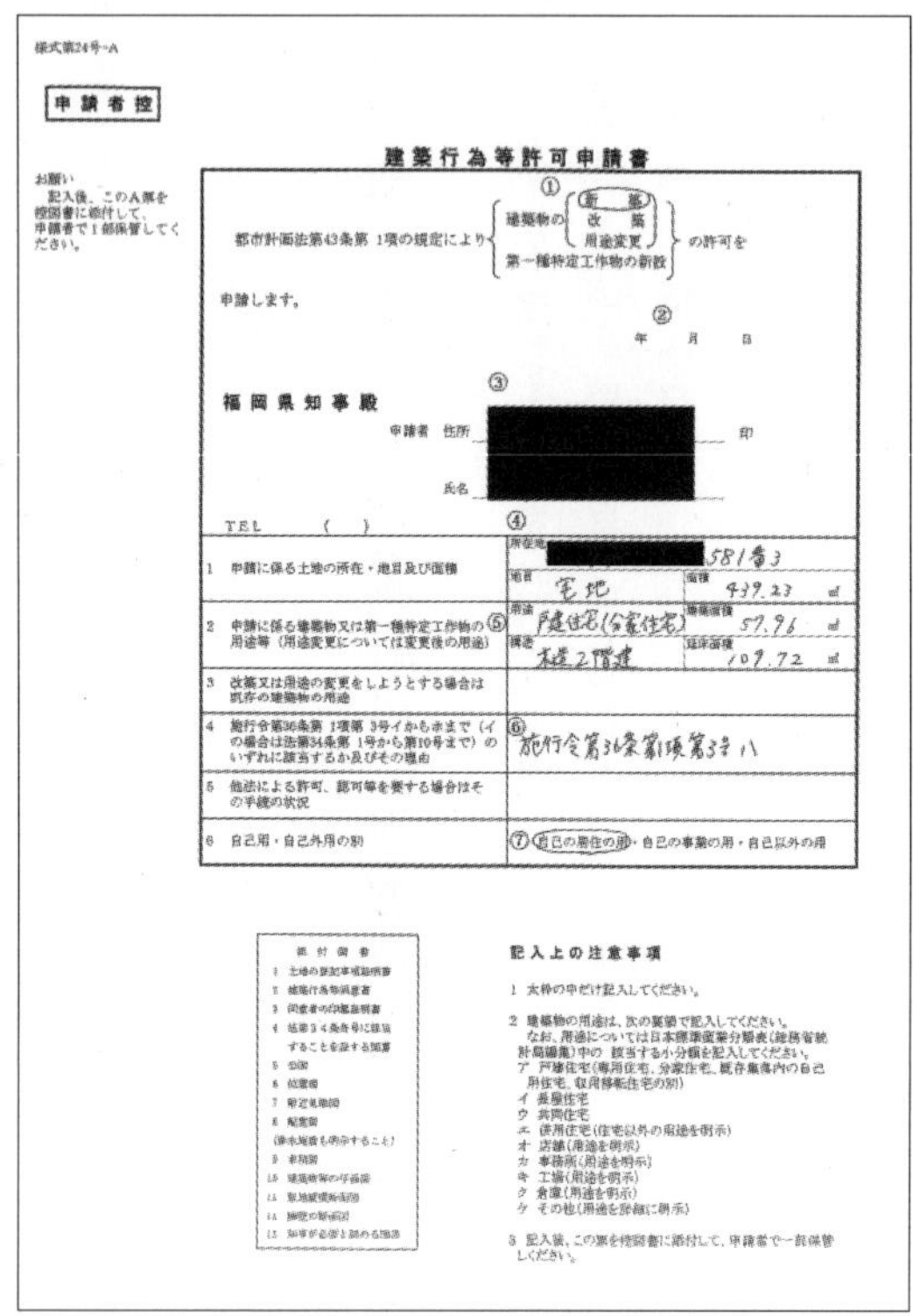

様式第24号-A

申請者控

お願い
記入後、このA票を控図書に添付して、申請者で1部保管してください。

建築行為等許可申請書

都市計画法第43条第1項の規定により ①｛建築物の（新築・改築・用途変更）／第一種特定工作物の新設｝の許可を申請します。

② 年　月　日

福岡県知事殿

③ 申請者　住所　　　　　印
氏名

TEL　（　）

1 申請に係る土地の所在・地目及び面積	④ 所在地 581番3 地目 宅地　面積 439.23 ㎡
2 申請に係る建築物又は第一種特定工作物の用途等（用途変更については変更後の用途）	⑤ 用途 戸建住宅（分家住宅）　建築面積 57.96 ㎡ 構造 木造2階建　延床面積 109.72 ㎡
3 改築又は用途の変更をしようとする場合は既存の建築物の用途	
4 施行令第36条第1項第3号イからホまで（イの場合は法第34条第1号から第10号まで）のいずれに該当するか及びその理由	⑥ 施行令第36条第1項第3号ハ
5 他法による許可、認可等を要する場合はその手続の状況	
6 自己用・自己外用の別	⑦ 自己の居住の用・自己の事業の用・自己以外の用

添付図書
1 土地の登記事項証明書
2 建築行為等概要書
3 同意者の印鑑証明書
4 法第34条各号に該当することを証する図書
5 公図
6 位置図
7 附近見取図
8 配置図
（排水施設も明示すること）
9 平面図
10 建築物等の立面図
11 敷地縦横断面図
12 擁壁の断面図
13 知事が必要と認める図書

記入上の注意事項

1 太枠の中だけ記入してください。

2 建築物の用途は、次の要領で記入してください。
なお、用途については日本標準産業分類表（総務省統計局編集）中の該当する小分類を記入してください。
ア 戸建住宅（専用住宅、分家住宅、既存集落内の自己用住宅、収用移転住宅の別）
イ 長屋住宅
ウ 共同住宅
エ 併用住宅（住宅以外の用途を明示）
オ 店舗（用途を明示）
カ 事務所（用途を明示）
キ 工場（用途を明示）
ク 倉庫（用途を明示）
ケ その他（用途を詳細に明示）

3 記入後、この票を控図書に添付して、申請者で一部保管してください。

④ 土地の登記事項証明書のとおりに、所在地、地目、面積を記入します。

⑤ 予定建築物の用途は戸建住宅です。建築面積は建物の壁と柱の中心線で囲まれた部分の面積です。延べ床面積は1階と2階の床面積の合計です。建築面積と延べ床面積は、建物の平面図などに記載さ

れています。記載されていなければ建築会社や住宅メーカーに聞きます。今回は木造2階建てです。

⑥ 都市計画法施行令のどの条文に該当するかです。役所の人に聞いて記入しましょう。

⑦ 自己用か、自己用外かを選びます。今回は、息子世帯が自分で住むので自己の居住の用を選びます。

建築行為等同意書（図表83）

【図表83　建築行為等同意書】

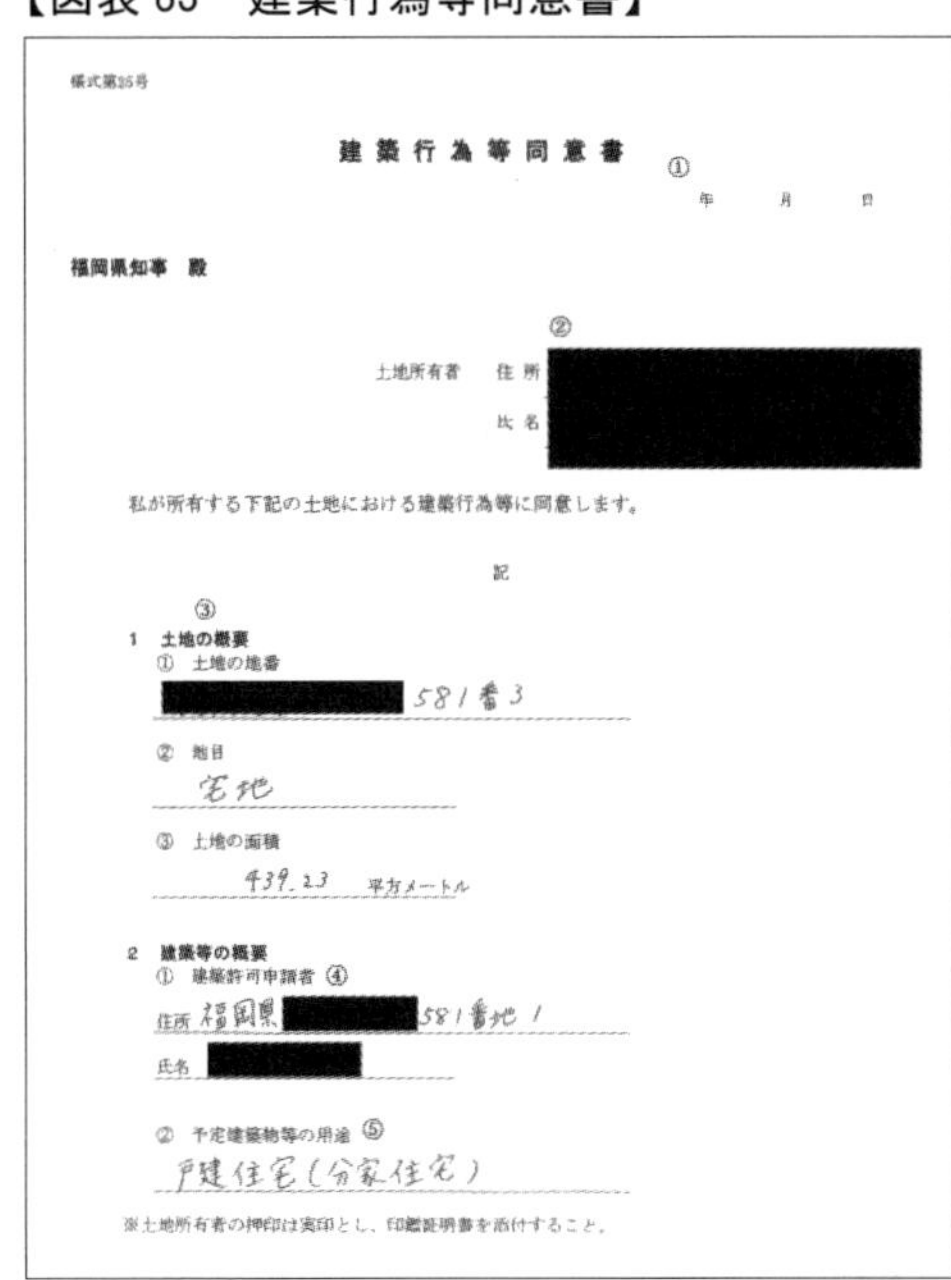

様式第25号

建築行為等同意書　①

年　月　日

福岡県知事　殿

②

土地所有者　住所

氏名

私が所有する下記の土地における建築行為等に同意します。

記

③

1　土地の概要

①　土地の地番

581番3

②　地目

宅地

③　土地の面積

439.23　平方メートル

2　建築等の概要

①　建築許可申請者　④

住所　福岡県　581番地1

氏名

②　予定建築物等の用途　⑤

戸建住宅（分家住宅）

※土地所有者の押印は実印とし、印鑑証明書を添付すること。

① 日付は、同意をもらった日付を記入します。

② 土地所有者の住所・氏名・実印で押印します。今回の土地所有者は父です。

③ 土地の所在と地目、面積を登記事項証明書のとおりに記入します。

④ 建築許可申請者は建物を建てる人なので、息子の住所・氏名を記入します。

⑤ 予定建築物の用途は戸建住宅です。

同意者の印鑑証明書（図表84）

同意者である父の印鑑証明書を添付します。建築行為等同意書の実印の印影と同じであることを確認します。

【図表84　同意者の印鑑証明書】

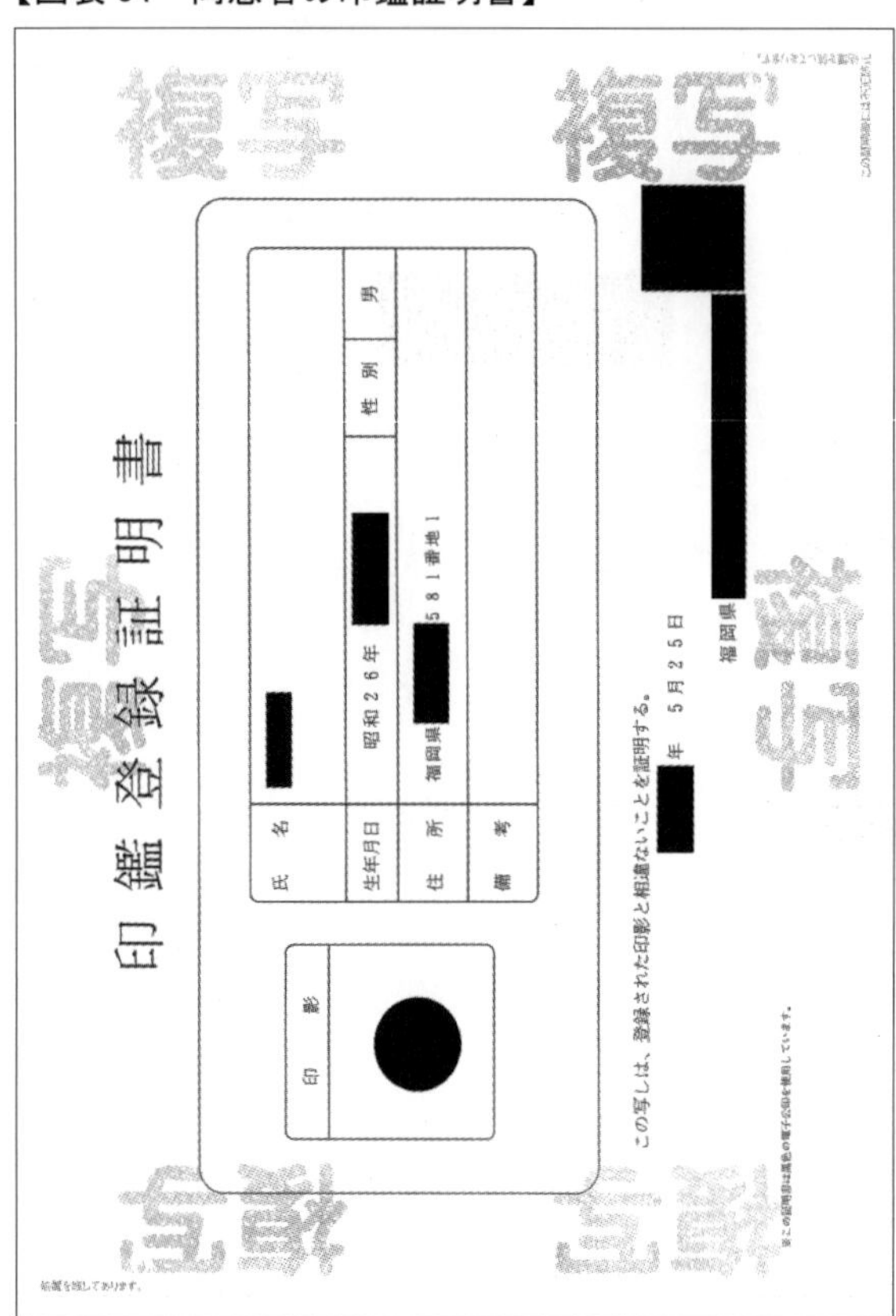

印鑑登録証明書

氏名			
生年月日	昭和２６年	性別	男
住所	福岡県　５８１番地１		
備考			

印影

この写しは、登録された印影と相違ないことを証明する。

年　５月２５日

福岡県

【図表 85　地図の写し】

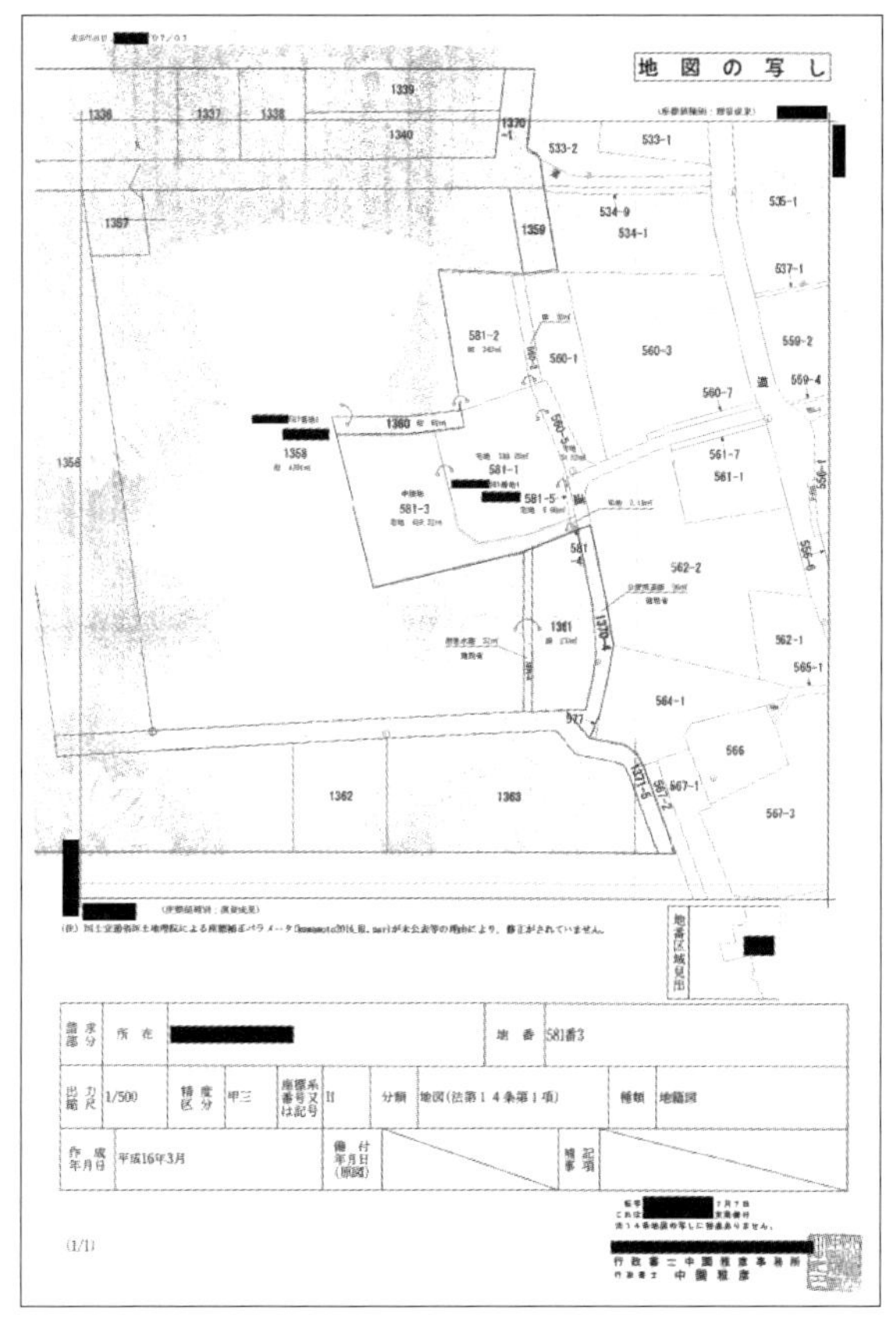

請求部分	所在	■■■■				地番	581番3		
出力縮尺	1/500	精度区分	甲三	座標系番号又は記号	II	分類	地図(法第14条第1項)	種類	地籍図
作成年月日	平成16年3月			備付年月日(原図)				補記事項	

地図の写し（図表85）

法務局で取得した地図の写しを添付します。申請地を赤で囲みます。土地の地目や面積、所有者なども記入するとわかりやすいです。

現況平面図・求積図（図表86）

申請地を上から見た図面と、土地の面積を測量した図面です。土地家屋調査士などに頼んで現地を測量してもらい、図面を作成してもらいます。

【図表86　現況平面図・求積図】

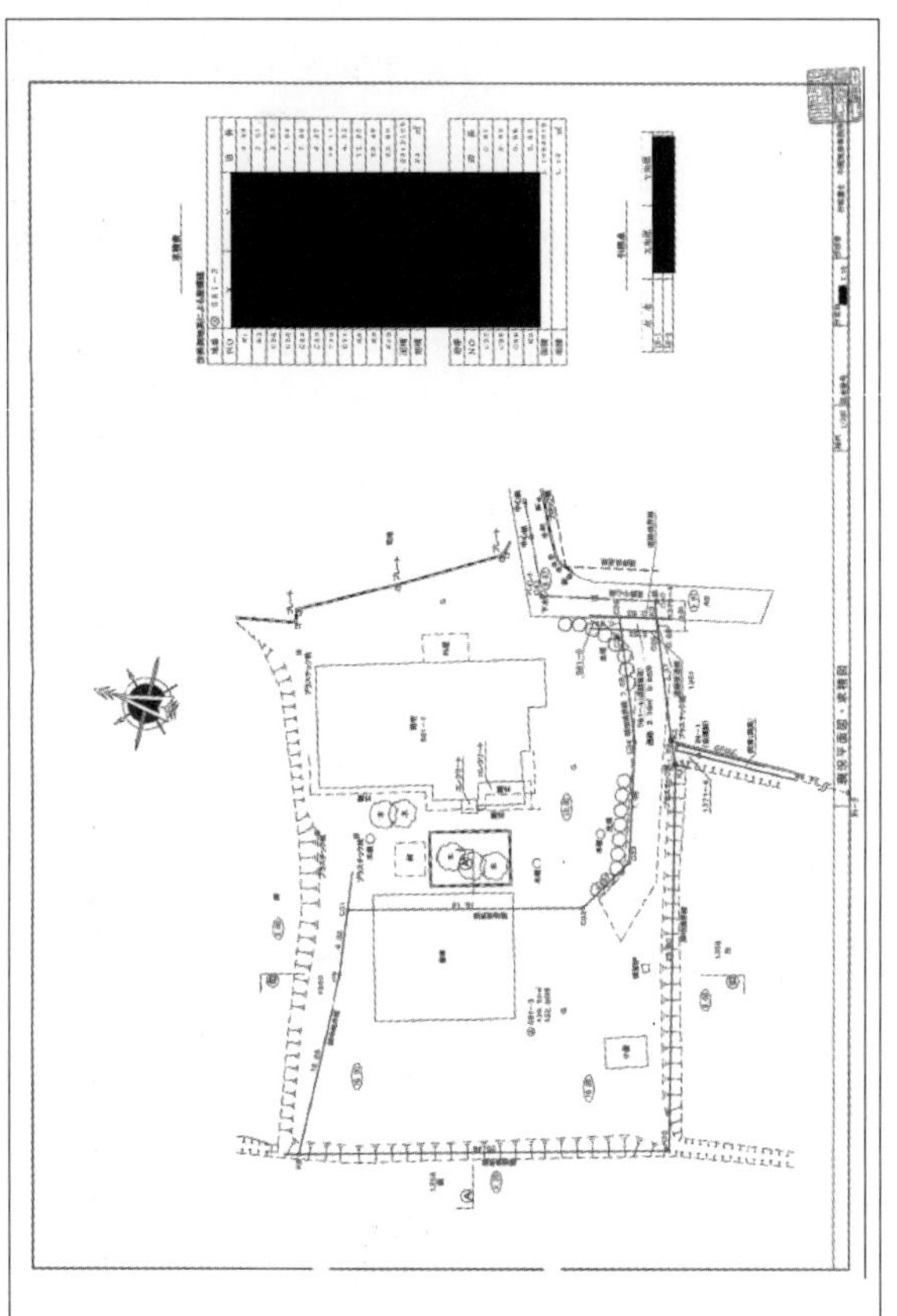

現況断面図（図表87）

こちらは申請地を横から見た図面です。申請地を横に切ったのがA—A'断面、縦に切ったのがB—B'断面となっています。

【図表87　現況断面図】

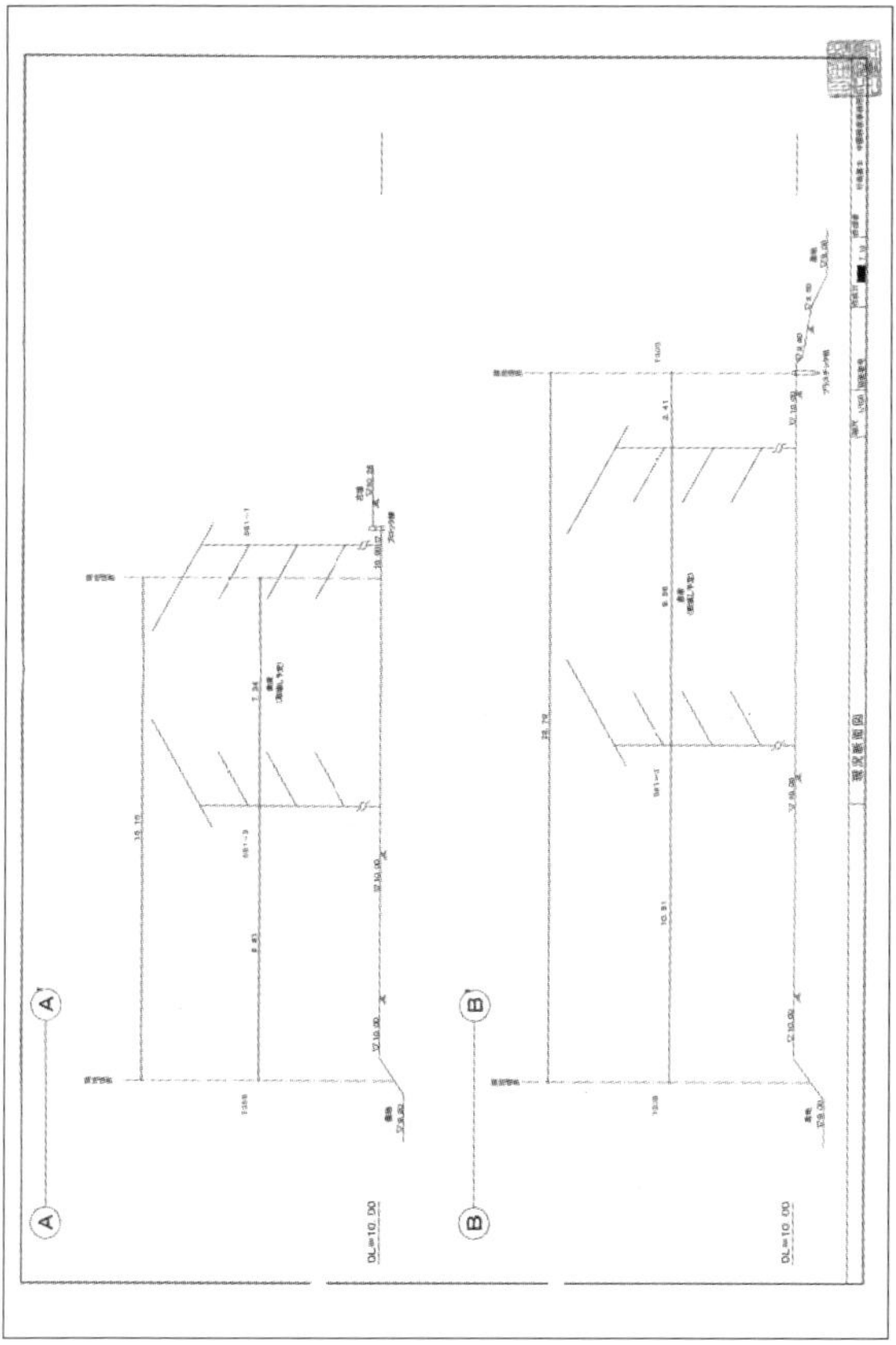

土地利用計画図（図表88）

配置図とも呼ばれます。予定建築物の外壁の後退距離が1ｍ以上あること、雨水と汚水の排水経路を記入します。新たに設置するコンクリートブロックなどの構造物も記入します。

【図表88　土地利用計画図】

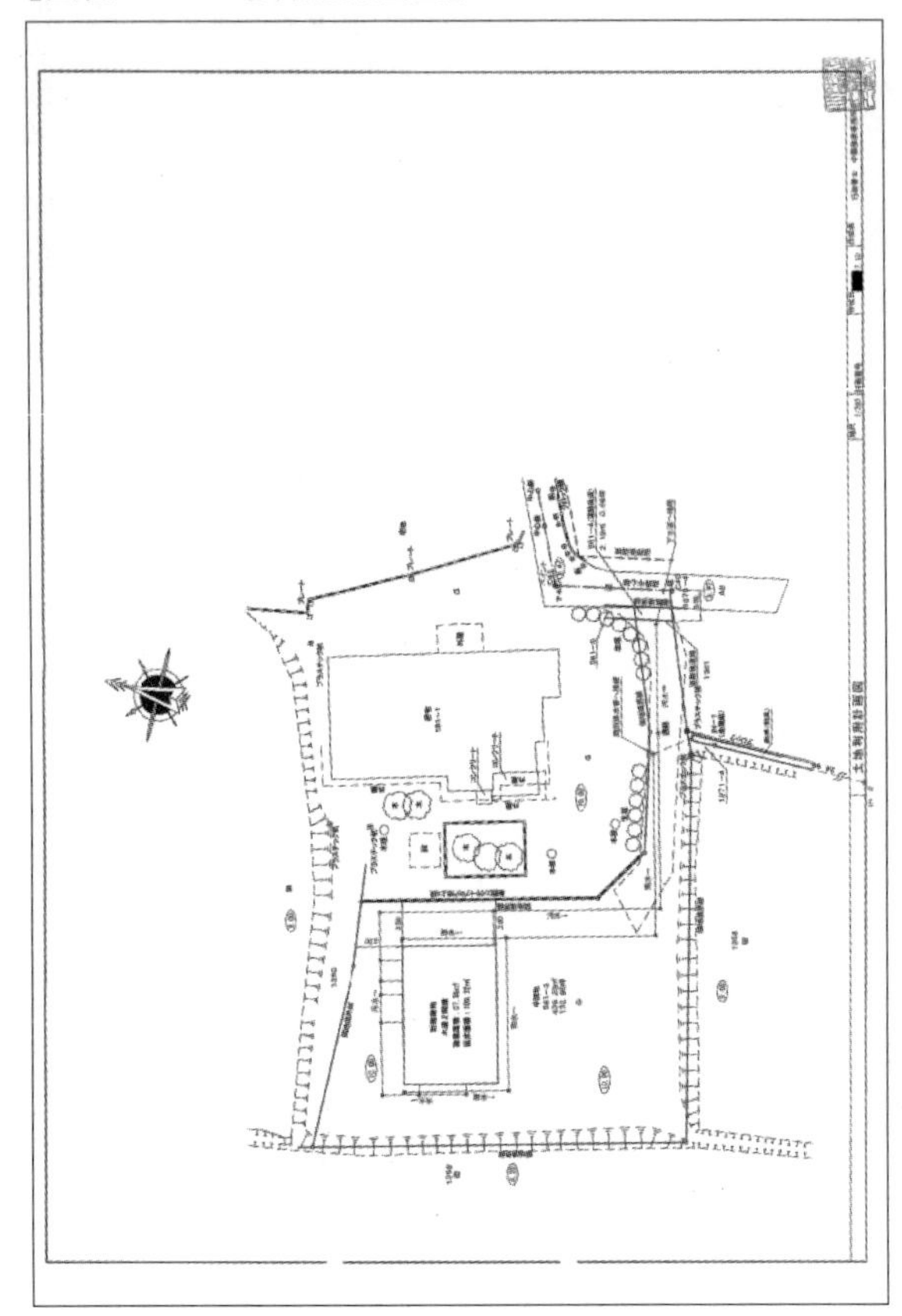

予定建築物の平面図（図表89）、立面図（図表90）

建築会社や住宅メーカーに頼んで作成してもらいます。

【図表 89　予定建築物の平面図】

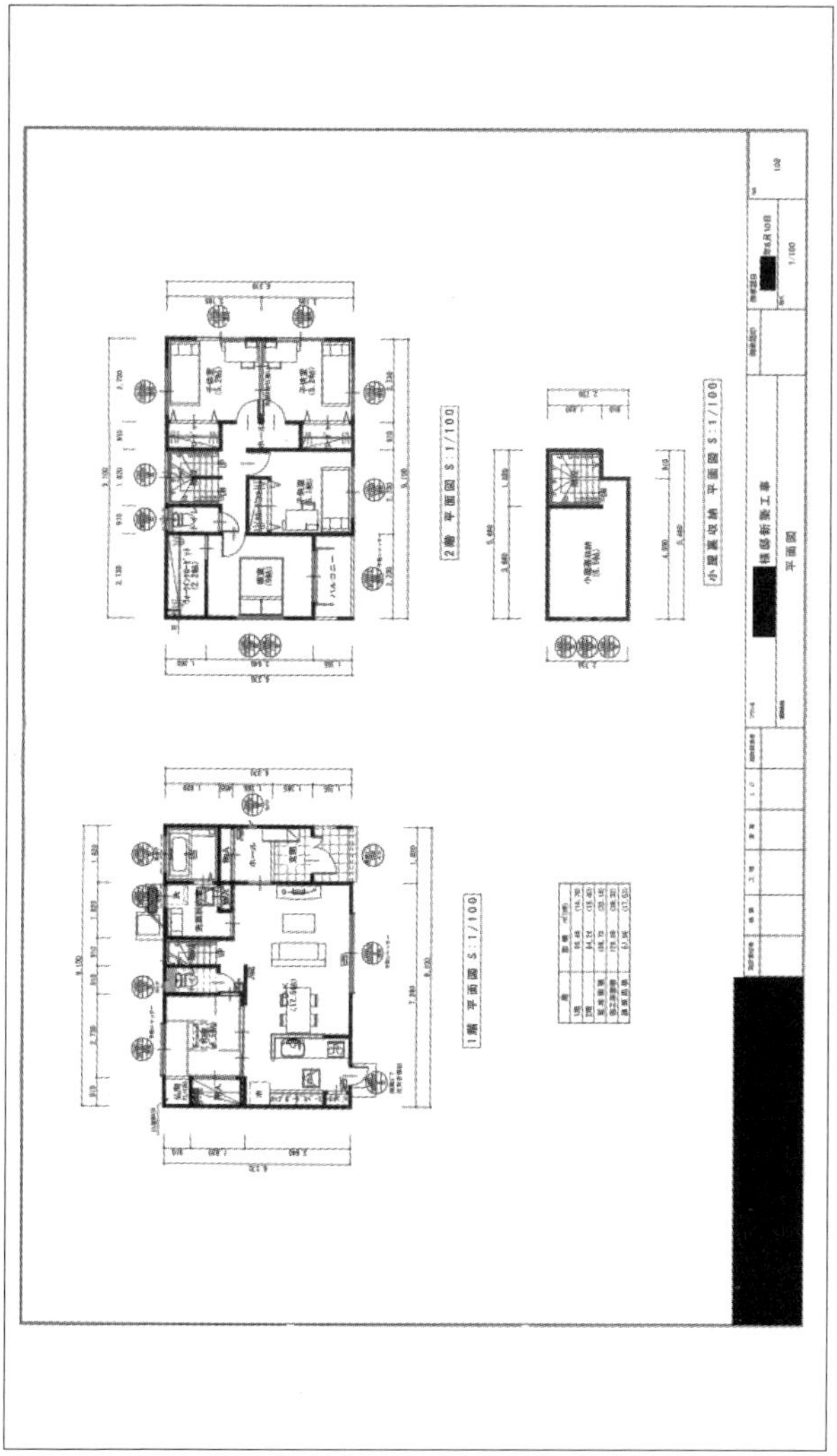

【図表 90　予定建築物の立面図】

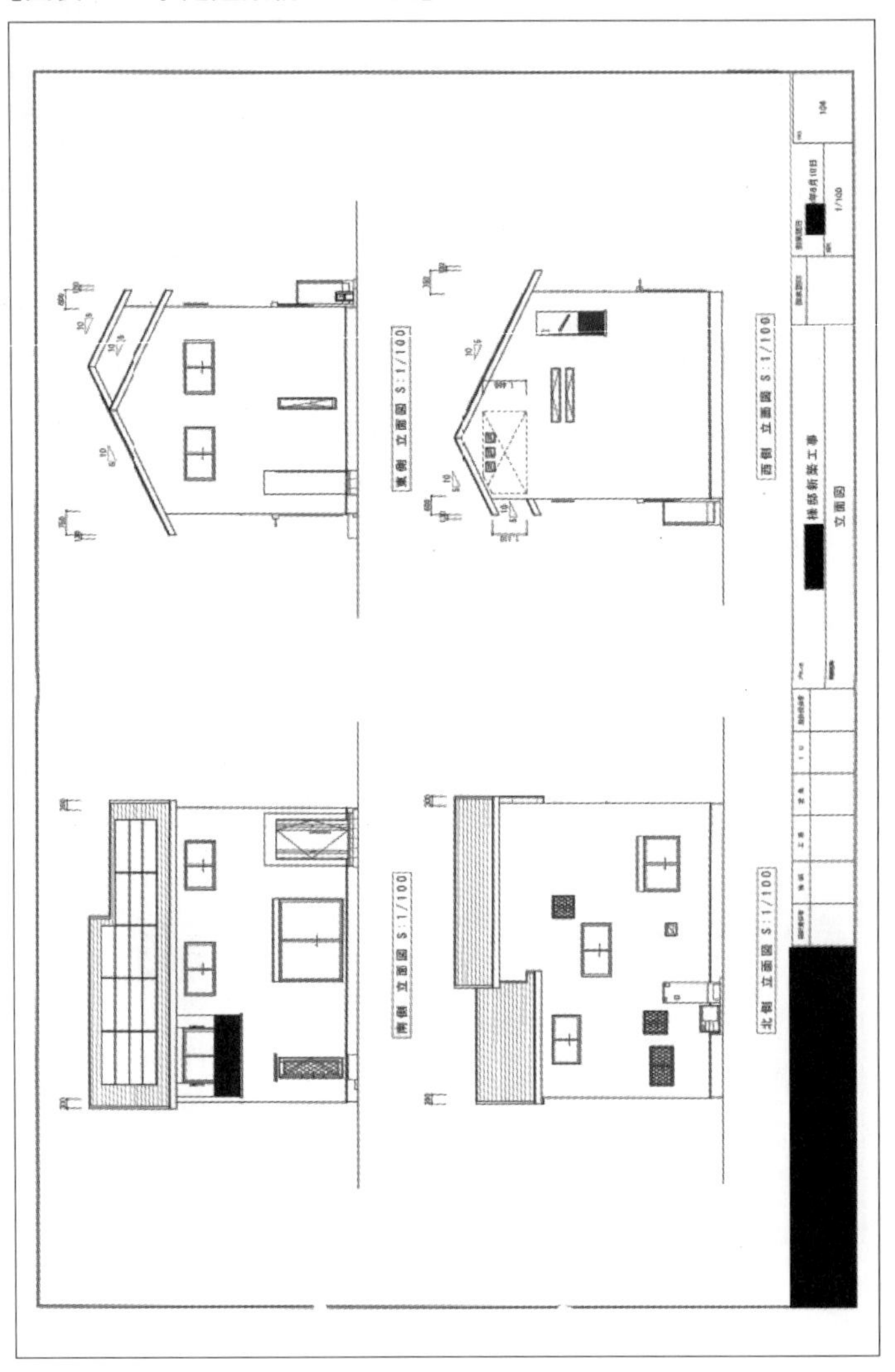

5　分家住宅での建築許可申請方法

最初の申請窓口は市町村

分家住宅での建築許可申請に必要な書類が揃い、まず申請書類を持って行くのは市町村の都市計画課です。

申請書類は、県提出用の正本と市町村用の副本の２部準備します。

市町村の審査が終わると、副申書という市町村の意見書が発行されます。その副申書と一緒に県提出用の正本を返却してくれますので、それをそのまま都道府県の都市計画課など開発担当の課に提出します。

都道府県への提出

都道府県に許可申請書類を提出し、担当者が内容を確認して受け付けられるとき、申請手数料を払います。

申請手数料は、都道府県の証紙で支払います。証紙貼付台紙を渡されますので、証紙を購入して貼り付けて提出します。都道府県の証紙は庁舎の中で販売されています。

今回のケースでは、開発許可を受けない市街化調整区域内の土地における建築等の行為で０・１

ヘクタール未満ですので、6，900円となります（図表91参照）。

【図表91　建築許可申請手数料】

（２）市街化調整区域内における建築物の特例許可申請手数料

（法第４１条第２項ただし書）

建築物の敷地、構造および設備に関する制限の特例	知事が建築物の形態制限区域およびその周辺の地域における環境の保全上支障がないと認め、または公益上やむを得ないと認めた場合	46，000円

（３）予定建築物等以外の建築等許可申請手数料　（法第４２条第１項ただし書）

開発許可を受けた土地における建築等の制限の特例	用途地域等が定められているとき、または知事が利便の増進上若しくは開発区域及びその周辺の地域における環境の保全上支障がないと認める場合	26，000円

（４）開発許可を受けない市街化調整区域内の土地における建築等許可申請手数料（法第４３条）

建築の種類	敷地の面積	手数料
開発許可を受けない市街化調整区域内の土地における建築等の行為	0．1ha未満の場合	6，900円
	0．1ha以上～0．3ha未満の場合	18，000円
	0．3〃～0．6〃	39，000円
	0．6〃～1．0〃	69，000円
	1．0ha以上の場合	97，000円

（５）開発許可を受けた地位の承継の承認申請手数料　（法第４５条）

承認申請の種類	手数料
(1)主として自己の居住の用に供する住宅の建築の用に供する目的で行うもの又は主として、住宅以外の建築物で自己の業務の用に供するものの建築若しくは自己の業務の用に供する特定工作物の建設の用に供する目的で行うものであって開発区域の面積が1ヘクタール未満のものである場合	1，700円
(2)主として、住宅以外の建築物で自己の業務の用に供するものの建築又は自己の業務の用に供する特定工作物の建設の用に供する目的で行うものであって開発区域の面積が1ヘクタール以上のものである場合	2，700円
(3)(1)及び(2)以外のものである場合	17，000円

（６）開発登録簿の写しの交付手数料　（法第４７条第４項）

開発登録簿の写し	1枚当たり(完了公告を含む)	470円

（７）諸証明手数料関係

土地又は建物に関する諸証明	1件当たり	400円

許可書の受領

標準処理期間は、市町村で10日、都道府県で20日程度です。特に指摘事項などがなければ、書類を最初に市町村に提出して約1か月後に許可ということになります。都道府県での審査が無事終われば許可書（図表92）が受領できます。

建築許可申請は、開発許可申請と違い、工事完了検査や工事完了公告がありませんので、他の法令による許可などの必要がなければ、許可書が出て建築確認を取れば、建築工事に着手できます。

市街化調整区域での建築確認申請

開発許可申請のときもそうでしたが、開発許可も建築許可も、最終的には建築することが目的です。建築するためには、建築基準法の建築確認申請をする必要があります。

市街化調整区域の場合は、都市計画法で建築が制限されているため、建築確認を申請して審査されるときに、都市計画法上の手続を踏んでいるのか確認をされます。これは許可を取っていれば許可書、許可不要ならばその証明書と、書面で確認されます。建築確認を審査するところは、もともとは都道府県の建築主事だけでしたが、現在は民間にも開放され、指定確認検査機関と呼ばれています。

まとめると、開発許可が不要の場合は許可不要の証明書、開発行為がない場合はこの建築許可書の写し、開発行為の場合は開発行為許可書の写しで、確認をされるということになります。

開発許可が不要の場合については次の章で紹介しています。

【図表 92　建築行為等許可書（サンプル）】

[redacted]都第[redacted]号－[redacted]
[redacted]年　7月　25日

申請者
住所　[redacted]581番地1
氏名
[redacted]　　様

福岡県知事　[redacted]
（建築都市部都市計画課）

建築行為等許可書

[redacted]年　7月　10日付けで申請のあった下記1の建築行為等については、都市計画法第43条の規定により、下記2の条件を附して許可します。

記

1　建築行為等の内容

（1）申請に係る土地の所在

[redacted]

[redacted]581番3

地目　宅地　　　土地の面積　439.23 ㎡

（2）申請に係る行為

建築物の新築

（3）申請に係る建築物又は第一種特定工作物の用途

戸建住宅（専用住宅）　　　建築面積　57.96 ㎡

構造　木造2階建て　　　延床面積　109.72 ㎡

（4）改築又は用途の変更をしようとする場合は既存の建築物の用途

（5）施行令第36条第1項第3号の該当号　　ハ　該当

法第34条の該当号（施行令第36条第1項第3号イ該当の場合）　　号　該当

（6）他法による許可、認可等を要する場合はその手続の状況

（7）自己用・自己外用の別

○自己の居住の用　　自己の業務の用　　自己以外の用

2　許可の条件

外壁の後退距離1m以上、建築物の高さの限度12m以下、道路等の制限は建築基準法による。

備考

1　この許可のほかに、原則として建築基準法による確認が必要です。その際、確認申請書にこの許可書の写しを添付してください。

○　この処分に不服があるときは、行政不服審査法の規定により、処分があったことを知った日の翌日から起算して3か月以内に福岡県開発審査会に対して審査請求をすることができます。ただし、その理由が鉱業、採石業又は砂利採取業との調整に関するものであるときは、公害等調整委員会に裁定の申請をすることができます。この場合においては、行政不服審査法による審査請求をすることができません。

○　この処分の取消しの訴えは、この処分があったことを知った日の翌日から起算して6か月以内に福岡県を被告として（代表者は福岡県知事となります。）この処分の取消しの訴えを提起することができます。ただし、公害等調整委員会に裁定を申請することができる事項に関する訴えは、裁定に対してのみ提起することができます。
　なお、処分の取消しの訴えは、審査請求を行った場合においては、その審査請求に対する裁決があったことを知った日の翌日から起算して6か月以内に提起することができます。

第9章　今後のために

1 指導規定や指導要綱に基づく開発許可類似の手続

開発許可不要でも類似の手続が必要な場合

開発許可は不要でも、各市町村の条例で開発許可類似の手続を定めている場合がかなり高い確率であります。開発指導規定や開発指導要綱と呼ばれるものです。

実際の事例を挙げてみます。

例1　〇〇市の市街化区域で3区画の分譲をする場合

・場所：〇〇市の市街化区域
・土地の面積：800㎡
・土地の地目：田
・計画：3区画の宅地分譲

市街化区域において行う1000㎡未満の開発行為については開発許可は不要です。したがって、この例では、都道府県に対して開発許可申請をする必要はないということになります。

しかし、〇〇市で定められている開発指導規定によると、3戸以上の住宅は開発行為等に関する指導規定の手続が必要となっています。

例2　□□町で10区画の分譲をする場合

・場所：□□町は非線引都市計画区域
・土地の面積：2200㎡
・土地の地目：田
・計画：10区画の宅地分譲

非線引都市計画区域内において行う3000㎡未満の開発行為については、開発許可は不要です。したがって、この例でも、都道府県に対して開発許可申請をする必要はないということになります。しかし、□□町で定められている開発行為等指導要綱によると、500㎡以上の開発行為は、開発行為等届出の手続が必要となっています。

届出という名称ですが、1度書類を出せば終わりということではなく、事前協議、覚書の締結、着工届や完了検査手続など、開発許可と同じくらい、もしくはそれ以上のボリュームです。

このように、一見すると開発許可申請が不要な面積なので、手続にかかる期間はそんなにないだろうと思ってしまいがちです。

後からこのような手続が必要と判明し、当初想定していた資金計画やスケジュールが狂ってしまうケースが多々あります。開発許可が不要の場合でも、各市町村で開発指導規定や開発指導要綱が定められていないか、また、定められていた場合に今回の計画が対象となるのかは、事前に必ずチェックするようにしましょう。

【図表93　市街化調整区域で都市計画法の手続を必要としない建築物の例】

分類		対象となる建築物（例）	根拠法令
①	既存建築物の建替え	線引きの日を基準日として、同一敷地で同一用途、ほぼ同一の規模の増築、改築	法第43条第1項
②	農林漁業従事者住宅	住宅及び付属倉庫	法第29条第1項第2号
③	農林水産物の生産集荷施設	畜舎、温室、育種苗施設など	令第20条第1項第1号
④	農林漁業の生産資材貯蔵保管施設	堆肥舎、種苗貯蔵施設、農機具等収納施設など	令第20条第1項第2号
⑤	家畜診療施設	家畜診療所	令第20条第1項第3号
⑥	農用地の保全管理施設	用排水機、取水施設など	令第20条第1項第4号
⑦	小規模農林漁業施設	建築面積が90㎡以内の建築物	令第20条第1項第5号

2　市街化調整区域でも手続が不要な場合

開発許可や建築許可などの都市計画法の手続を必要としない建築物

市街化調整区域でも、開発許可や建築許可などの都市計画法の手続を必要としない建築物があります。主な例を図表93にまとめましたので、参考にしてください。

開発許可や建築許可などの都市計画法の手続は、一般的に煩雑で時間がかかることが多いので、これを省略できるのは建築する側からすると大きなメリットと言えます。まずはこちらに該当しないかどうか確認しておきましょう。

このうち典型的なケースである既存建築物の建替えと農林漁業従事者住宅について

説明しておきます。

既存建築物の建替え

手続が不要な建築物の典型例その1は、既存建築物の建替えです。

既存建築物とは、市街化区域と市街化調整区域に区分された日、つまりその場所が市街化調整区域になった時点で既に建っていた建築物です。既に建物が建っていたところに同じような建物を建てるなら、これ以上市街化を促進する恐れはないという考え方です。

昭和43年に都市計画法が施行され、その後、市街化区域と市街化調整区域に区分されていますが、区分された年代は各市町村によって違います。建物が現存していなくても、建物の登記事項証明書、閉鎖登記簿謄本や航空写真などで、当時建っていたことを証明できる場合があります。建築物の敷地、用途や規模が当時から変更がないということが前提です。

農林漁業従事者住宅

こちらも手続が不要な建築物の典型例です。農家の方のケースが多いので、農家の方が農業をするための住宅についてお話します。

役所や専門家の間では、農家住宅といわれています。市役所の農業委員会事務局で、農業従事証明を受けられるかどうかなどによります。これは、耕作証明などともいわれ、市町村によって違いはありますが、１０００㎡以上自分で耕作していることなどが条件となります。

開発許可不要証明

市街化調整区域で開発許可や建築許可が不要であっても、建築確認申請時に、その不要であることを証明した書類を添付しなければならないことが多いです。都市計画法施行規則第60条に規定がありますので、許可不要証明や規則60条証明、適合証明などと言われています。

このように、市街化調整区域で建築する場合は、建築確認の前に何かしらの手続がいると思っておいたほうがいいです。市街化調整区域での建築は要件が厳しく、難しい場合も多いので、行政書士などの専門家に事前に相談することをおすすめします。

あとがき

ここまで読んでいただいてどうだったでしょうか？　大まかでも開発許可や建築許可の手続の流れやイメージをつかんでいただけたら幸いです。

開発許可申請手続は、数多くの書類や図面を提出しなければならず、それも1度ではなく、何度も何度も役所へ足を運ばなければなりません。許可書として発行されるのは紙1枚ですが、そこには何十、何百もの役所とのやり取りが詰まっています。

開発許可申請は、現地の状況や計画の内容で用意すべき書類や図面は多岐に渡ります。また、本書では、開発許可申請は福岡市、建築許可申請は福岡県の例を挙げていますが、それぞれの自治体でのローカルルールも存在するため、1冊の本でそのすべてを網羅することは不可能です。

今まで開発許可に関する本は、役所や専門家しかわからないような専門的なものしかないのもそのためだと思います。

本書では、実際の申請をイメージできるように、豊富な図表を用いて基本的な内容と申請手続の流れをご紹介していますので、開発許可申請が初めての人でも本書を活用して実際の申請に役立てていただけることを願っています。

中園　雅彦

著者略歴

中園　雅彦（なかぞの　まさひこ）

行政書士 中園雅彦事務所代表。

専門分野：開発許可、農地転用許可。

自分のやりたいことがわからなかった大学時代に、テレビドラマ「カバチタレ」を見て行政書士になろうと決意する。行政書士事務所に補助者として勤務した期間を含めると15年間、開発許可・農地転用許可の手続を専門としている。

開発許可手続は、都市計画法、農地法、建築基準法、道路法、河川法、文化財保護法、消防法、国土利用計画法、景観法など関連する法律が多く、そのため、国・県・市区町村の担当各課と、横断的に協議が必要な上、工事期間まで含めると半年から年単位の長い期間がかかる。さらに、擁壁の設計や流量計算などの専門知識が必要となり、通常の許認可手続より複雑で難易度が高い。

開発許可申請は、開発工事の設計と同義であり、設計段階での間違いは、開発工事のやり直し等、大きな経済的損失を生むので失敗することは許されない。確実に早く許可が下りるように、日々お客様と行政の担当各課との間で奮闘している。

日本のまちづくりを支援するのがミッション。

開発許可申請手続のことがよくわかる本

2021年3月19日 初版発行　　2024年6月12日 第6刷発行

著　者　中園　雅彦

発行人　森　　忠順

発行所　株式会社 セルバ出版
〒113-0034
東京都文京区湯島1丁目12番6号 高関ビル5B
☎03（5812）1178　　FAX 03（5812）1188
https://seluba.co.jp/

発　売　株式会社 三省堂書店／創英社
〒101-0051
東京都千代田区神田神保町1丁目1番地
☎03（3291）2295　　FAX 03（3292）7687

印刷・製本　株式会社 丸井工文社

Printed in JAPAN
ISBN 978-4-86367-645-9